U0379435

普通高等教育"十二五"工程训练系列规划教材

机械加工技术基础

主　编　尹志华　　曲宝章

参　编　黄光烨　　李荣华

　　　　温爱玲　　翟封祥

主　审　赵　亮

机械工业出版社

本书是根据教育部颁布的高等工科院校"工程材料及机械制造基础课程教学基本要求"和"工程材料及机械制造基础系列课程改革指南"的精神,结合培养应用型工程技术人才的教学特点和机械基础课程体系改革实践经验编写的。

本书共8章,其主要内容包括:机械加工概述、金属切削过程及控制、机械加工方法综述、零件结构工艺性、零件表面加工方案选择、机械加工工艺规程制订、特种加工技术简介、数控加工技术简介。本书是多年教学经验的积累和工程实践的结晶,书中实例较多、图文并茂、条理清楚、内容详略得当。材料牌号、设备型号和名词术语全部采用最新国家标准。

本书可作为高等工科院校机类、近机类专业的基础课教材,也可供非机类、职工大学、电视大学等相关专业选用,还可供相关专业的工程技术人员参考。

图书在版编目(CIP)数据

机械加工技术基础/尹志华,曲宝章主编. —北京:机械工业出版社,2013.8(2024.8重印)

普通高等教育"十二五"工程训练系列规划教材

ISBN 978-7-111-43060-5

Ⅰ.①机… Ⅱ.①尹…②曲… Ⅲ.①金属切削-高等学校-教材 Ⅳ.①TG506

中国版本图书馆 CIP 数据核字(2013)第 136479 号

机械工业出版社(北京市百万庄大街22号　邮政编码100037)
策划编辑:丁昕祯　责任编辑:丁昕祯　章承林　邓海平
责任校对:张　媛　封面设计:张　静　责任印制:常天培
固安县铭成印刷有限公司印刷
2024 年 8 月第 1 版第 6 次印刷
184mm×260mm · 11.75 印张 · 284 千字
标准书号:ISBN 978-7-111-43060-5
定价:34.00 元

电话服务
客服电话:010-88361066
　　　　　010-88379833
　　　　　010-68326294
封底无防伪标均为盗版

网络服务
机　工　官　网:www.cmpbook.com
机　工　官　博:weibo.com/cmp1952
金　　书　　网:www.golden-book.com
机工教育服务网:www.cmpedu.com

前　　言

本书是根据教育部颁布的高等工科院校"工程材料及机械制造基础课程教学基本要求"和"工程材料及机械制造基础系列课程改革指南"的精神，结合培养应用型工程技术人才的教学研究，在使用多年教材的基础上编写的。

机械加工技术基础是研究零件加工方法的一门重要的技术基础课，尤其是在培养学生的工程意识、创新意识、运用规范的工程语言和解决工程实际问题的能力方面，具有其他课程不能替代的重要作用。本教材内容精练、系统，方便学生建立完整的机械加工知识体系，以适应 21 世纪人才培养的需要。

本书共 8 章，其主要内容包括：机械加工概述、金属切削过程及控制、机械加工方法综述、零件结构工艺性、零件表面加工方案选择、机械加工工艺规程制订、特种加工技术简介、数控加工技术简介。本书是多年教学经验的积累和工程实践的结晶，书中实例较多，图文并茂、条理清楚、内容详略得当。材料牌号、设备型号和名词术语全部采用最新国家标准。

在编写过程中，编者结合多年教学经验使教材突出了以下特点：

1. 注重基础性、实用性、综合性，文字简单明了、图文并茂，力求与实训教材的有机衔接。

2. 以传统机械加工工艺为基础，优选新技术、新工艺及部分前沿知识，处理好传统工艺与现代工艺的比例关系。

3. 注重培养学生理论联系实际的意识，不仅注意学生知识的获取，更注重综合运用知识的能力、工程技术实践能力、素质和创新意识的培养。

4. 名词术语采用最新国家标准。

本书由大连交通大学尹志华、曲宝章主编，并负责全书的统稿、修改；赵亮教授主审并提出了宝贵的意见，本书在编写过程中参考和引用了很多同类教材和专著，对此深表感谢。

参加本书编写的有尹志华（前言、第 1~4 章）、曲宝章（第 5~8 章）、黄光烨（第 8 章部分）、李荣华（第 3 章部分）、温爱玲（第 1 章部分）、翟封祥（第 7 章部分）。

由于编者水平有限，书中难免有不妥之处，恳请广大读者批评指正。

编　者

目　录

第1章 机械加工概述

本章主要介绍切削加工的基本知识，了解金属切削机床、刀具和夹具的基本概念，掌握切削运动、切削用量、刀具角度、刀具磨损以及刀具寿命等。在学习切削加工基本知识时，应着重弄清楚它们对切削加工的影响，以及如何减少其不利影响。其中刀具角度是一个难点，只要求理解各个角度的定义、作用和大致取值范围。

1.1 概述

机械制造技术是以表面成形理论、金属切削原理和工艺系统的基本理论为基础，以各种加工方法、加工装备的特点及应用为主体，以机械加工工艺和装备工艺的设计为重点，以实现机械产品的优质、高效、低成本为目的的综合应用技术。

机械加工是机械制造的重要方法之一，是提高零件的尺寸精度和表面质量的主要手段。

机械加工工艺系统是机械加工工艺过程的硬件和软件的集合。

机械加工工艺系统的硬件通常由机床、夹具、刀具和工件构成。其中，工件是机械加工的对象；机床是实现对工件进行机械加工的必要设备，为机械加工提供运动和动力；夹具是装夹工件的重要工艺装备，用它实施对工件的定位和夹紧，使工件在加工时相对于机床或刀具保持一个正确的位置；刀具是直接对工件进行加工的工具，将直接由它切除工件（或毛坯）上预留的材料层。机床、夹具、刀具和工件的共同作用，使工件能够获得合格的尺寸精度、几何精度及表面质量，并最终达到零件的设计要求。

工艺系统的软件包括加工方法、工艺过程、数控程序等。工艺系统软件是对工艺系统硬件的必要支持。

1.1.1 切削加工的分类

切削加工是利用切削工具（包括刀具、磨具和磨料）从毛坯或工件上切去多余材料的加工方法。通过切削加工使工件在形状、尺寸和表面质量等方面符合图样要求。任何切削加工都必须具备三个基本条件：切削工具、工件和切削运动。切削工具应有刃口，其材质必须比工件坚硬很多。不同的刀具结构和切削运动形式构成不同的切削方法。用刃形和刃数都固定的刀具进行切削的方法有车削、钻削、镗削、铣削、刨削、拉削和锯切等；用刃形和刃数都不固定的磨具或磨料进行切削的方法有磨削、研磨、珩磨和抛光等。

切削加工是机械制造中最主要的加工方法。虽然毛坯制造精度不断提高，精铸、精锻、挤压、粉末冶金等加工工艺应用广泛，但由于切削加工的适应范围广，且能获得很高的精度和很小的表面粗糙度值，在机械制造工艺中仍占有重要地位。

切削加工分为机械加工和钳工加工两大类。

（1）机械加工（简称机工）　是利用机械对各种工件进行加工的方法。一般是通过工人操纵机床设备进行的，其方法有车削、钻削、镗削、铣削、刨削、拉削、磨削、珩磨、超精加工和抛光等。

（2）钳工加工（简称钳工）　是利用工具对工件进行加工的方法。一般在钳工工作台上以手工工具为主，对工件进行加工的各种加工方法。钳工的工作内容一般包括划线、锯切、錾削、锉削、刮削、研磨、钻孔、扩孔、铰孔、攻螺纹、套螺纹、机械装配和设备修理等。

对于有些工作，机械加工和钳工加工并没有明显的界线，例如，钻孔和铰孔，攻螺纹和套螺纹，两者均可采用。随着加工技术的发展和自动化程度的提高，目前钳工加工的部分工作已被机械加工所代替。尽管如此，钳工加工不会被机械加工完全替代，它仍是切削加工中不可缺少的部分。在某些情况下，钳工加工不仅比机械加工灵活、经济、方便，而且更容易保证产品的质量。

1.1.2　切削加工的特点和发展方向

1. 切削加工的特点和作用

切削加工具有如下主要特点：

（1）切削加工可获得很高的加工精度和很小的表面粗糙度值　目前，切削加工的尺寸公差等级为 IT12 ~ IT3，甚至更高；表面粗糙度 Ra 值为 25 ~ 0.008 μm。加工精度和表面粗糙度范围之广，精密程度之高，是目前其他加工方法难以达到的。

（2）切削加工的零件材料、形状、尺寸和质量的范围广泛　切削加工多用于金属材料的加工，如各种碳钢、合金钢、铸铁、有色金属及其合金等，也可用于某些非金属材料的加工，如石材、木材、塑料、复合材料和橡胶等。对于零件的形状和尺寸一般不受限制，只要能在机床上实现装夹，大部分都可以进行切削加工，且可以加工常见的各种型面，如外圆、内圆、锥面、平面、螺纹、齿形及空间曲面等。切削加工零件质量的范围很大，大的可达数百吨，如葛洲坝一号船闸的闸门，高度超过 30mm，质量达 600t；小的只有几克，如微型仪表零件。

（3）切削加工的生产率较高　在常规切削条件下，切削加工的生产率一般高于其他加工方法，只有在少数特殊场合下，其生产率低于精密铸造、精密锻造和粉末冶金等。

（4）切削过程中存在切削力　刀具和工件均应具有一定的强度和刚度，且刀具材料的硬度必须大大于工件的硬度。

正是因为前三个特点和生产批量等因素的制约，在现代机械制造中，目前除少数采用精密铸造、精密锻造以及粉末冶金和工程塑料压制成型等方法直接获得零件外，绝大多数机械零件要靠切削加工成形。

正是因为上述第四个特点，限制了切削加工在细微结构和高硬度、高强度等特殊材料加工方面的应用，从而使特种加工获得了较大的发展。

2. 切削加工的发展方向

随着科学技术和现代工业的快速发展，切削加工也正朝着高精度、高效率、自动化、柔性化和智能化方向发展，主要体现在以下三个方面：

1）加工设备朝着数控技术、精密和超精密、高速和超高速方向发展。数控技术、精密和超精密加工技术将进一步普及和应用。普通加工、精密加工和超精密加工的精度可分别达到 1μm、0.01μm 和 0.001μm（纳米），正向原子级加工逼近。

2）刀具材料朝着超硬材料方向发展　目前我国常用刀具材料是高速钢和硬质合金，预计 21 世纪是超硬刀具材料的应用时代，陶瓷、聚晶金刚石（PCD）和聚晶立方氮化硼（PCBN）等超硬材料将被普遍应用于切削刀具，使切削速度可高达每分钟数千米。

3）生产规模由目前的小批量和单品种大批量向多品种变批量的方向发展，生产方式向柔性自动化和智能自动化方向发展。

21 世纪的切削加工技术必将面临未来自动化制造环境的一系列新的挑战，它必然要与计算机、自动化、系统论、控制论及人工智能、计算机辅助设计与制造、计算机集成制造系统等高新技术理论相融合，向着精密化、柔性化和智能化方向发展，并由此推动其他各新兴学科在切削理论和技术中的应用。

1.2　金属切削机床

金属切削机床是用切削、磨削或特种加工方法加工各种金属工件，使之获得所要求的几何形状、尺寸精度和表面质量的机械（手携式的除外）。它是制造机器的机器，所以又称为"工作母机"或"工具机"，习惯上简称机床。金属切削机床是使用最广泛、数量最多的机床类别。

1.2.1　机床的分类和通用机床型号的编制

1. 机床的分类

机床主要是按加工方法和所用刀具进行分类的，根据国家制定的机床型号编制方法，机床分为 11 大类：车床、钻床、镗床、磨床、齿轮加工机床、螺纹加工机床、铣床、刨插床、拉床、锯床和其他机床。在每一类机床中，又按工艺范围、布局型式和结构特性等，分为若干组，每一组又分为若干个系（系列）。除了上述基本分类方法外，还有其他分类方法。

（1）按照应用范围（通用性程度）分类

1）普通机床。工艺范围很宽，可完成多种类型零件不同工序的加工，如卧式车床、万能外圆磨床及摇臂钻床等。

2）专门化机床。工艺范围较窄，是为加工某种零件或某种工序而专门设计和制造的，如铲齿车床、丝杠铣床等。

3）专用机床。工艺范围最窄，一般是为某特定零件的特定工序而设计制造的，如大量生产的汽车零件所用的各种钻、镗组合机床、车床导轨的专用磨床等。

（2）按照工作精度分类　分为普通精度机床、精密机床和高精度机床。

（3）按照质量和尺寸分类　分为仪表机床、中型机床（一般机床）、大型机床（质量大于 10t）、重型机床（质量在 30t 以上）和超重型机床（质量在 100t 以上）。

（4）按照机床主要器官的数目分类　分为单轴、多轴、单刀、多刀机床等。

（5）按照自动化程度分类　分为普通、半自动和自动机床。自动机床具有完整的自动工作循环，包括自动装卸工件，能够连续地自动加工出工件。半自动机床也有完整的自动工作循环，但装卸工件还需人工完成，因此不能连续地加工。

2. 通用机床的型号编制

机床的型号是机床产品的代号，用以简单地表示机床的类型、通用特性、结构特性，以及主要技术参数等。GB/T 15375—2008《金属切削机床　型号编制方法》规定，我国的机床型号由汉语拼音字母和阿拉伯数字按一定规律组合而成，它适用于各类普通机床和专用机床（不包括组合机床）。

普通机床型号的表示方法为：

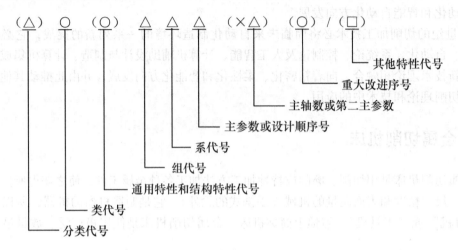

其中，有"（　）"的代号或数字，当无内容时，则不表示，若有内容则不带扩号；有"○"符号者，为大写的汉语拼音字母；有"△"符号者，为阿拉伯数字；有"□"符号者，为大写的汉语拼音字母，或阿拉伯数字，或两者兼有之。

（1）机床的分类代号　机床的分类代号用大写的汉语拼音字母表示。必要时，每类可分为若干分类。机床的类代号，按其相对应的汉字字音读音。机床的分类和代号见表1-1。

表1-1　机床的分类和代号

类别	车床	钻床	镗床	磨床			齿轮加工机床	螺纹加工机床	铣床	刨插床	拉床	锯床	其他机床
代号	C	Z	T	M	2M	3M	Y	S	X	B	L	G	Q
读音	车	钻	镗	磨	二磨	三磨	牙	丝	铣	刨	拉	割	其

（2）机床的特性代号　机床特性分为通用特性和结构特性。

1）通用特性代号　用大写的汉语拼音字母表示，位于类代号之后。

例如，CK6140型车床型号中的K，表示该车床具有程序控制特性，写在类别代号C之后。通用特性代号有固定的含义，见表1-2。

表1-2　机床的通用特性代号

通用特性	高精度	精密	自动	半自动	数控	加工中心（自动换刀）	仿形	轻型	加重型	柔性加工单元	数显	高速
代号	G	M	Z	B	K	H	F	Q	C	R	X	S
读音	高	磨	自	半	控	换	仿	轻	重	柔	显	速

2）结构特性代号。它只在同类机床中起区分机床结构、性能不同的作用。

当型号中有通用特性代号时，结构特性代号排在通用特性代号之后，否则结构特性代号直接排在类代号之后。

例如，CA6140型卧式车床型号中的"A"是结构特性代号，以区分与C6140型卧式车床主参数相同，但结构不同。

（3）机床的组、系代号　每类机床划分为十个组，每个组又划分为十个系（系列），分别用一位阿拉伯数字表示，位于类代号或特性代号之后。系代号位于组代号之后。

（4）机床的主参数　机床主参数在机床型号中用折算值表示，位于组、系代号之后。

主参数等于主参数代号（折算值）除以折算系数。

例如，卧式车床的主参数折算系数为 1/10，所以 CA6140 型卧式车床的主参数为 400mm。

常见机床的主参数名称及折算系数见表 1-3。

表 1-3　常见机床的主参数名称及折算系数

机床名称	主参数名称	主参数折算系数
卧式车床	床身上最大回转直径	1/10
摇臂钻床	最大钻孔直径	1
卧式坐标镗床	工作台面宽度	1/10
外圆磨床	最大磨削直径	1/10
卧（立）式升降台铣床	工作台面宽度	1/10
龙门刨床	最大刨削宽度	1/100
牛头刨床	最大刨削长度	1/10

（5）机床的重大改进顺序号和其他特性代号　当机床性能和结构布局有重大改进时，在原机床型号尾部，加重大改进顺序号 A、B、C 等。

其他特性代号，用汉语拼音字母、或阿拉伯数字、或两者的组合来表示，主要用以反映各类机床的特性。如对数控机床，可反映不同的数控系统；对于一般机床可反映同一型号机床的变型等。

通用机床的型号编制举例：

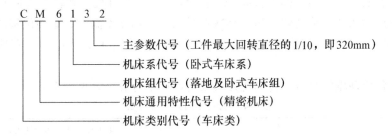

1.2.2　机床的组成和基本结构

1. 机床的组成

各类机床通常由以下基本部分组成：

（1）动力源　提供机床动力和功率的部分。通常为电动机，包括交流电动机、直流电动机、伺服电动机、变频调速电动机、步进电动机等。

（2）传动系统　包括主传动系统、进给传动系统和其他运动的传动系统。如变速箱、进给箱等部件。有些机床主轴组件和变速箱合在一起为主轴箱。

（3）刀具安装系统　用于安装刀具。如车床、刨床的刀架，铣床的主轴、磨床磨头的砂轮轴等。

（4）工件安装系统　用于装夹工件。如车床的卡盘和尾座，刨床、铣床、钻床、平面磨床的工作台等。

（5）支承系统　机床的基础构件，起支承和连接机床各部件的作用。如各类机床的床身、立柱、底座等。

（6）控制系统　控制各工作部件的正常工作，主要是电气控制系统，有些机床局部采用液压或气动控制系统。数控机床则是数控系统。

（7）冷却系统　用于对加工工件、刀具及机床的某些发热部件进行冷却。

（8）润滑系统　用于对机床的运动（如轴承、导轨等）进行润滑，以减小摩擦、磨损和发热。

（9）其他装置　如排屑装置、自动测量装置等。

2. 机床的基本结构

金属切削机床的传动形式有机械传动、液压传动、电动传动、电气传动等，其中最常见的是机械传动和液压传动。在机械传动系统中，从动轮与主动轮的角速度或转速的比值为传动比。

（1）定比传动机构　在机床机械传动中，以固定传动比或固定传动关系进行传动的机构称为定比传动机构。在定比传动机构中常用的机械传动副有以下五种：

1）带传动。该传动副的特点为机构简单，制造方便，传动平稳，有过载保护作用。其缺点是传动比不准确，传动效率相对齿轮传动较低，所占空间较大。

2）齿轮传动。该传动副结构紧凑，传动比准确，传动效率高，传递转矩大。其缺点是制造较为复杂，当制造精度不高时，传动不平稳，有噪声。

3）蜗杆蜗轮传动。降速比较大，传动平稳，无噪声，结构紧凑，可以自锁。其缺点是传动效率低，需良好的润滑条件，制造较复杂。

4）齿轮齿条传动。可将回转运动转变为直线运动或将直线运动转变为回转运动。其啮合情况与齿轮传动相似，传动效率高。其缺点是当制造精度不高时，影响位移的准确性。

5）丝杠螺母传动。可将回转运动变为直线运动，工作平稳，无噪声。其缺点是传动效率低。

机械传动各传动副的符号、传动比公式及运动速度计算公式见表1-4。

表1-4　机械传动方式及公式

传动元件	符　号	单级传动比、运动速度计算公式
带传动	d_1　　　　d_2	$i = \dfrac{n_2}{n_1}\eta = \dfrac{d_1}{d_2}\eta, \quad n_2 = n_1\dfrac{d_1}{n_2}\eta$
齿轮传动	z_1　　z_2	$i = \dfrac{n_2}{n_1} = \dfrac{z_1}{z_2}, \quad n_2 = n_1\dfrac{z_1}{z_2}$

（续）

传动元件	符　号	单级传动比、运动速度计算公式
蜗杆蜗轮传动		$i = \dfrac{n_2}{n_1} = \dfrac{k}{z}$，$n_2 = n_1\dfrac{k}{z}$
齿轮齿条传动		$v_f = pzn = \pi mzn$
丝杠螺母传动		$v_f = np$

注：表中 i 为传动比；n_1、n_2 等为相应传动轴与传动件的转速；d_1、d_2 为带轮直径；η 为滑动系数，一般取 0.98；z_1、z_2 为齿轮、蜗轮齿数；k 为蜗杆头数；m 为齿轮和齿条模数；p 为齿条的齿距或丝杠、螺母的导程；v_f 为直线运动速度或移动量。

这些传动副的共同特点是传动比不变，齿轮齿条副和丝杠螺母副主要用于将旋转运动变为直线运动，其他用于旋转运动。将若干个传动副组合起来，就成为一个传动系统，称为传动链。传动链的总传动比等于传动链各传动比的乘积。

（2）变速机构　变速机构是改变机床部件运动速度的机构。为了能够采取合理的切削速度和进给量，机床中就要用各种不同的变速机构来实现。由于机械无级变速机构（即在一定的范围内可得到需要的任何速度）成本较高，也难于实现。因此，在一般机床上大都采用齿轮变速机构，以获得一定的速度系列，即有级变速。加工时，只能从机床现有的速度系列中选取相近的速度。

机床上常用的变速机构有塔轮变速机构、滑移齿轮变速机构和离合器变速机构等。

1）塔轮变速机构，是机床动力输入端常见的一种变速机构，如图 1-1a 所示。其特点是传动平稳，有过载保护作用。变速比可根据带轮直径方便地设计，但因有摩擦损耗，传动比不够准确。

2）滑移齿轮变速机构，是机床传动中经常采用的一种变速机构，如图 1-1b 所示。其特

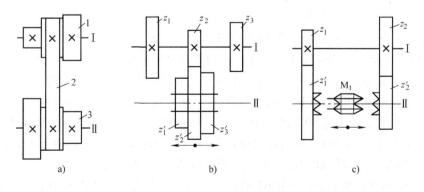

图 1-1　常用的变速机构

a）塔轮变速机构　b）滑移齿轮变速机构　c）离合器变速机构

点是传动比准确，传动效率高，寿命长，外形尺寸小；但制造比较复杂，当制造精度不高时易产生振动。

3）离合器变速机构，也是机床传动中较常见的一种变速机构，如图1-1c所示。其特点是传动比准确，传动效率高，寿命长，结构紧凑，刚度好，可传递较大的转矩，但制造复杂。

（3）换向机构　换向机构是指变换机床部件运动方向的机构。为了满足加工的不同需要，机床的主传动部件和进给传动部件往往需要正、反向运动（例如车螺纹时刀具的进给和返回）。机床运动的换向，可以直接利用电动机反转，也可利用齿轮换向机构等。常见的机床换向机构有中间齿轮机构、三星齿轮机构、锥齿轮机构、往复换向机构等。

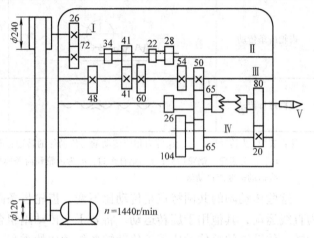

图1-2　机床的传动系统

（4）操纵机构　操纵机构是用来实现机床运动部件变速、换向起动/停止、制动及调整的机构。机床上常见的操纵机构包括手柄、手轮、杠杆、凸轮、齿轮齿条、丝杠螺母、拨叉、滑块及按钮等。

（5）传动系统分析　机床的传动系统如图1-2所示。

1）传动路线表达式如下所示。

$$\text{电动机} \atop 1440\text{r/min} - \phi120/\phi240 - \text{I} - 26/72 - \text{II} - \begin{Bmatrix} 34/48 \\ 41/41 \\ 22/60 \\ 28/54 \end{Bmatrix} - \text{III} - 50/65 -$$

$$\begin{Bmatrix} M_{开} - \begin{Bmatrix} 26/104 \\ 65/65 \end{Bmatrix} - \text{IV} - 20/80 \\ M_{合} \end{Bmatrix} - \text{V}$$

2）传动分析。电动机转动经带轮传动副φ120/φ240传至轴I，轴I上的齿轮26和轴II齿轮72啮合，将运动传到轴II，轴II左边的滑动齿轮滑移至左边（34/48）或右边（41/41）位置，可使轴III获得两种不同转速；轴II右边的滑动齿轮滑移至左边（22/60）或右边（28/54）位置，又可使轴III获得两种不同转速，轴III共获得四种不同转速。图示位置轴V离合器脱开，轴III上的齿轮50和离合器上空套齿轮65啮合，不能带动轴V转动，经轴IV滑动齿轮滑移至左边（26/104）或右边（65/65）位置，可使轴IV获得两种不同转速，轴IV上的齿轮20和轴V上的齿轮80啮合，将运动传到轴V；当轴V离合器向左滑移至接合时，轴III上的齿轮50和离合器上空套齿轮65啮合，经接合离合器将运动传到轴V，轴V共计可以获得12种转速。

3）转速计算。当两组滑动齿轮都处于图中所示位置时，轴V转速计算方法为

$$n_V = 1440 \times \frac{120}{240} \times \frac{26}{72} \times \frac{41}{41} \times \frac{50}{65} \times \frac{65}{65} \times \frac{20}{80} \text{r/min} = 50 \text{r/min}$$

1.2.3　机床选用的环保意识

随着社会和生产的发展，机床的环境特性及良好的人机关系越来越为人们所重视。因此选用机床时要考虑环境和劳动保护，即：

1）所选机床必须保证操作者的工作安全，有必要的防护装置。

2）操纵元件的位置和结构要符合人的生理特征，使操作方便和省力。

3）机床的造型和色彩应令人心情舒畅而乐于接受，不易使人疲劳。

4）所选机床的工作噪声应尽量小，以免妨碍车间语言通信环境和工作情绪。

5）机床不得有渗、漏油现象，以免油料浪费和环境污染。

由此可见，如果选用机床时能充分考虑到环境和劳动保护，不仅能保护劳动者的身心健康，而且还能提高生产效率。

1.3　切削运动与切削要素

1.3.1　零件表面的切削加工成形方法

机械零件的表面形状虽然很多，但不外乎是由几种基本形状的表面即平面、圆柱面、圆锥面以及各种成形面组成的。当精度和表面粗糙度要求较高时，需要在机床上用刀具经切削加工而形成。

1. 工件表面的形成方法

机械零件的任何表面都可看做是一条线（称为母线）沿着另一条线（称为导线）运动的轨迹。如图 1-3 所示，平面可看做是由一根直线（母线）沿着另一根直线（导线）运动而形成的（图 1-3a）；圆柱面和圆锥面可看做是由一根直线（母线）沿着一个圆（导线）运动而形成的（图 1-3b、c）；普通螺纹的螺旋面是由"八"形线（母线）沿螺旋线（导线）运动而形成的（图 1-3d）；直齿圆柱齿轮的渐开线齿廓表面是由渐开线（母线）沿直线（导线）运动而形成的（图 1-1e），等等。形成表面的母线和导线，统称为发生线。

2. 发生线的形成方法

切削加工中发生线是由刀具的切削刃和工件的相对运动得到的，由于使用的刀具切削刃形状和采取的加工方法不同，形成发生线的方法可归纳为以下四种：

（1）轨迹法　它是利用刀具作一定规律的轨迹运动对工件进行加工的方法。切削刃与被加工表面为点接触，发生线为接触点的轨迹线。如图 1-4a 所示，母线 A_1（直线）和导线 A_2（曲线）均由刨刀的轨迹运动形成。采用轨迹法形成发生线需要一个成形运动。

（2）成形法　它是利用成形刀具对工件进行加工的方法。切削刃的形状和长度与所需形成的发生线（母线）完全重合。如图 1-4b 所示，曲线形母线由成形刨刀的切削刃直接形成，直线形的导线则由轨迹法形成。

（3）相切法　它是利用刀具边旋转边作轨迹运动对工件进行加工的方法。如图 1-4c 所

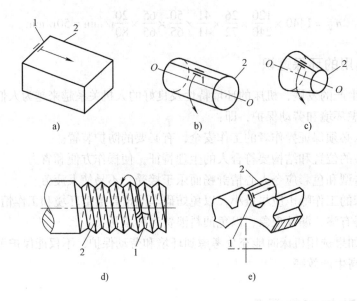

图 1-3 零件表面的成形
1—母线 2—导线

示,采用铣刀、砂轮等旋转刀具加工时,在垂直于刀具旋转轴线的截面内,切削刃可看做是点,当切削点绕着刀具轴线作旋转运动 B_1,同时刀具轴线沿着发生线的等距线作轨迹运动 A_2 时,切削点运动轨迹的包络线便是所需的发生线。为了用相切法得到发生线,需要两个成形运动,即刀具的旋转运动和刀具中心按一定规律运动。

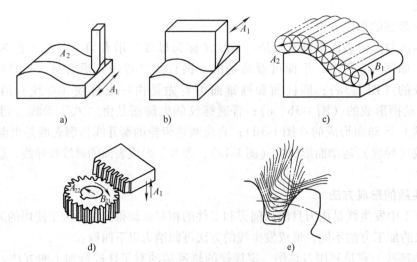

图 1-4 形成发生线的方法

（4）展成法 它是利用工件和刀具作展成切削运动进行加工的方法。切削加工时,刀具与工件按确定的运动关系作相对运动（展成运动）,切削刃与被加工表面相切（点接触）,切削刃各瞬时位置的包络线便是所需的发生线。如图 1-4d 所示,用齿条形插齿刀加工圆柱齿轮,刀具沿箭头 A_1 方向所作的直线运动形成直线形母线（轨迹法）,而工件的旋转运动 B_{21} 和直线运动 A_{22} 使刀具能不断地对工件进行切削,其切削刃的一系列瞬时位置的包络线便是所需要的渐开线形导线（见图 1-4e）。用展成法形成发生线需要一个成形运动（展成运动）。

1.3.2 切削运动

要进行切削加工，刀具与工件之间必须具有一定的相对运动，以获得所需表面的形状，这种相对运动称为切削运动。机械加工的切削运动由机床提供。切削运动根据其功用不同可分为主运动和进给运动。

（1）主运动 使刀具与工件产生相对运动，以切除工件上多余金属的基本运动称为主运动。在切削运动中它的速度最快，消耗的功率最大。主运动可以由工件完成，也可以由刀具完成。切削加工中主运动只有一个。

（2）进给运动 不断地将多余金属层投入切削，以保证切削连续进行的运动称为进给运动。进给运动速度较低，消耗的功率也很小。进给运动可由工件或刀具完成，进给运动可以是一个或几个。

机床在加工过程中还需要一系列辅助运动，以实现机床的各种辅助动作，为表面成形创造条件，它的种类很多，一般包括：

1）切入运动。刀具相对工件切入一定深度，以保证工件达到要求的尺寸。

2）分度运动。多工位工作台、刀架等的周期转位或移位，多头螺纹的车削等。

3）调位运动。加工开始前机床有关部件的移位，以调整刀具和工件之间的正确相对位置。

4）各种空行程运动。切削前后刀具或工件的快速趋近和退回运动，开车、停车、变速、变向等控制运动，装卸、夹紧、松开工件的运动等。

切削运动的形式可以是旋转的，也可以是直线的或曲线的；可以是连续的，也可以是间歇的。各种切削加工方法的切削运动如表 1-5 和图 1-5 所示。

表 1-5 常用机床的切削运动

机床名称	主运动	进给运动	机床名称	主运动	进给运动
卧式车床	工件旋转运动	车刀纵向、横向、斜向直线移动	龙门刨床	工件往复运动	刨刀横向、垂向、斜向间歇运动
钻床	钻头旋转运动	钻头轴向移动	外圆磨床	砂轮高速旋转	工件转动，同时工件往复运动，砂轮横向移动
卧铣、立铣	铣刀旋转运动	工件纵向、横向直线移动（有时也作垂直方向移动）	内圆磨床	砂轮高速旋转	工件转动，同时工件往复运动，砂轮横向移动
牛头刨床	刨刀往复运动	工件横向间歇移动或刨刀垂向、斜向间歇移动	平面磨床	砂轮高速旋转	工件往复运动，砂轮横向、垂向移动

在切削过程中，工件表面的被切削金属层不断地转变为切屑，从而加工出所需要的工件新表面。在新表面形成的过程中，工件上有三个不断变化的表面，即待加工表面、过渡表面（切削表面）及已加工表面，如图 1-6 所示。

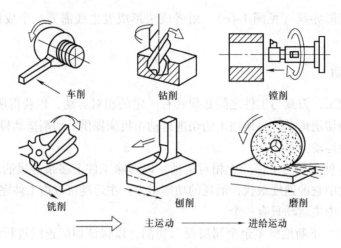

图 1-5 各种切削加工方法及运动形式

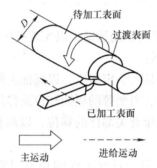

图 1-6 车削时切削运动及工件上的三个表面

1.3.3 切削要素

1. 切削用量三要素

在切削加工中，切削用量包括切削速度 v_c、进给量 f 和背吃刀量 a_p。需要根据不同的工件材料、刀具材料和其他技术经济要求来选定适宜的切削速度 v_c、进给量 f 或进给速度 v_f 值，还要选定适宜的背吃刀量 a_p 值。

（1）切削速度 v_c 在单位时间内，工件和刀具沿主运动方向的相对位移，称之为切削速度。若主运动采用回转运动，则回转体（刀具或工件）上外圆或内孔某一点的切削速度（m/s 或 m/min）计算公式为

$$v_c = \frac{\pi d n}{1000}$$

式中 d——工件或刀具上某一点的回转直径（mm）；

n——工件或刀具的转速（r/s 或 r/min）。

在当前生产中，除磨削速度单位用 m/s 外，其他加工的切削速度单位均习惯用 m/min。

即使转速一定，而切削刃上各点由于工件直径不同，切削速度也就不相同。考虑到切削速度对刀具磨损和已加工质量有影响，在计算时，应取最大的切削速度。如外圆车削时计算待加工表面上的速度，内孔车削时计算已加工表面上的速度，钻削时计算钻头外径处的速度。

若主运动为往复直线运动（如刨削、插削等），则常以其平均速度为切削速度（m/s 或

m/min），即

$$v_c = \frac{2Ln_r}{1000 \times 60} \text{（m/s）} \quad \text{或} \quad v_c = \frac{2Ln_r}{1000} \text{（m/min）}$$

式中　L——往复运动行程长度（mm）；

　　　n_r——主运动每分钟的往复次数（str/min）。

（2）进给量 f　进给量 f 是工件或刀具每回转一周时两者沿进给运动方向的相对位移，单位是 mm/r。进给速度 v_f 是单位时间的进给量，单位是 mm/s（或 mm/min）。

对于刨削、插削等主运动为往复直线运动的加工，虽然可以不规定进给速度，却需要规定间歇进给的进给量，其单位为 mm/str（毫米/双行程）。

在铣刀、铰刀、拉刀、齿轮滚刀等多刃切削工具进行切削时，还应规定每一个刀齿的进给量 f_z，即后一个刀齿相对于前一个刀齿的进给量，单位是 mm/z（毫米/齿）。

进给速度 v_f、进给量 f 和转速 n 之间的关系为

$$v_f = fn = f_z zn$$

（3）背吃刀量 a_p　对图 1-7 所示的车削加工来说，背吃刀量 a_p 为工件上已加工表面和待加工表面间的垂直距离，单位为 mm。

外圆柱表面车削时的背吃刀量计算公式为

$$a_p = (d_w - d_m)/2$$

对于钻削

$$a_p = d_m/2$$

式中　d_m——已加工表面直径（mm）；

　　　d_w——待加工表面直径（mm）。

2. 切削层参数

各种切削加工的切削层参数，可用典型的外圆纵车来说明。如图 1-7 所示，车刀主切削刃上任意一点相对于工件的运动轨迹是一条空间螺旋线。当车刀刃倾角 $\lambda_s = 0°$ 时，主切削刃所切出的过渡表面为阿基米德螺旋面。工件每转一转，车刀沿工件轴线移动一段距离，即进给量。这时，切削刃从过渡表面 Ⅱ 的位置移至相邻的过渡表面 Ⅰ 的位置上。于是 Ⅰ、Ⅱ 之间的金属层转变为切屑。由车刀正在切削着的这一层金属称为切削层。切削层的大小和形状直接决定了车刀切削部分所承受的负荷大小及切下切屑的形状和尺寸。当车刀副偏角 $\kappa_r' = 0°$、刃倾角 $\lambda_s = 0°$ 时，切削层的剖面形状为一平行四边形；在特殊情况下（车刀主偏角 k_r

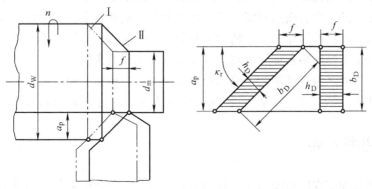

图 1-7　外圆纵车时切削层的参数

=90°）为矩形，其底边尺寸是 f，高为 a_p。因此，切削用量的两个要素 f 和 a_p 又称为切削层的工艺尺寸。为了简化计算，切削层的几何参数一般在垂直于主运动方向的基面 p_r 内观察和度量，它们包括切削厚度 h_D、切削宽度 b_D 和切削面积 A_D。

（1）切削厚度 h_D　如图 1-7 所示，垂直于过渡表面来度量的切削层尺寸，称为切削厚度，以 h_D 表示。

在外圆纵车（$\lambda_s = 0°$）时

$$h_D = f\sin\kappa_r$$

（2）切削宽度 b_D　如图 1-7 所示，沿过渡表面度量的切削层尺寸称为切削宽度，以 b_D 表示。

在外圆纵车（$\lambda_s = 0$）时

$$b_D = a_p/\sin\kappa_r$$

由此可见，在 f 与 a_p 一定的条件下，切削层面积一定，κ_r 越大，切削厚度 h_D 也越大，但切削宽度 b_D 越小；κ_r 越小时，h_D 越小，b_D 越大；当 $\kappa_r = 90°$ 时，$h_D = f$，$b_D = a_p$。

对于曲线形主切削刃，切削层各点的切削厚度互不相等。

（3）切削面积 A_D　切削层在基面 p_r 内的面积称为切削面积，以 A_D 表示。其计算公式为

$$A_D = h_D b_D$$

对于车削来说，不论切削刃的形状如何，切削面积均为

$$A_D = h_D b_D = f a_p$$

上面所计算的均为名义切削面积。实际切削面积 A_{De} 等于名义切削面积 A_D 减去残留面积 ΔA_D 所得之差，即

$$A_{De} = A_D - \Delta A_D$$

残留面积 ΔA_D 是指刀具 $\kappa_r' = 0°$ 时，切削刃从 Ⅰ 位置移至 Ⅱ 位置后，残留在已加工表面上的不平部分的剖面面积。

1.3.4　切削加工的阶段

为了保证切削加工质量，工件的加工余量往往不是一次切除的，而是逐步减少背吃刀量分阶段切除的。切削加工可分为粗加工、半精加工、精加工、精密加工和超精密加工五个阶段。

粗加工是尽快从毛坯上切除多余材料，使其接近零件的形状和尺寸；半精加工是进一步提高精度和减小表面粗糙度 Ra 值，并留下合适的加工余量，为主要表面精加工做准备；精加工是使一般零件的主要表面达到规定的精度和表面粗糙度要求，或为要求很高的主要表面进行精密加工做准备；精密加工是在精加工基础上进一步提高精度和减小表面粗糙度 Ra 值的加工；超精密加工是比精密加工更高级的亚微米加工和纳米加工。

应当指出，绝大多数零件加工一般只经过粗加工、半精加工和精加工三个阶段，只有极少数精密零件才需要精密加工，某些场合极个别超精密零件才需要超精密加工。

1.4　金属切削刀具

机床是为机械加工提供切削运动及其动力的设备，而刀具则是其中不可缺少的工具，用来切除工件上多余的材料，或将材料切断。刀具对机械加工的生产率和产品质量有着重要的

直接影响。因此，了解刀具的一些基本知识显得十分必要。

1.4.1 刀具材料

1. 刀具材料的基本要求

刀具切削性能的优劣，取决于构成切削部分的材料、几何形状和刀具结构。由于切削加工是在高温、剧烈摩擦和在很大的切削力、冲击力的条件下进行的，因此，刀具材料应满足以下基本要求：

（1）高的硬度 刀具材料的硬度必须高于工件的硬度，以便切入工件。在常温下，刀具材料的硬度一般在 60HRC 以上。

（2）足够的强度和韧性 只有具备足够的强度和韧性，刀具才能承受切削力和切削时所产生的振动，以防止脆性断裂和崩刃。

（3）高的耐磨性 耐磨性是指刀具抵抗磨损的能力。一般情况下，刀具材料硬度越高，耐磨性越好。

（4）高的耐热性 耐热性是指刀具在高温下仍能保持硬度、强度、韧性和耐磨性的能力。

（5）良好的工艺性 为便于刀具的制造，刀具材料还应具有一定的工艺性，如切削性能、磨削性能、焊接性能以及热处理性能等。

（6）良好的热物理性能和耐热冲击性能 要求刀具导热性能好，不会因受到大的热冲击产生刀具内部裂纹而导致刀具断裂。

应当指出，上述要求中有些是相互矛盾的，如硬度越高、耐磨性越好的材料，韧性和抗破损能力就越差，耐热性好的材料韧性也较差。实际工作中，应根据具体的切削对象和条件，选择最合适的刀具材料。

2. 常用刀具材料

（1）普通刀具材料 常见的普通刀具材料有碳素工具钢、合金工具钢、高速钢、硬质合金和涂层刀具材料等，其中后三种用得较多。

1）碳素工具钢。碳素工具钢是一种含碳量较高的优质钢，碳的质量分数在 0.7% ~ 1.2%，淬火后的硬度可达 61 ~ 65HRC，且价格低。但它的耐热性不好，在 200 ~ 250℃ 后它的硬度就会急剧下降，它所允许采用的切削速度不能超过 8m/min（0.13m/s），且在淬火时容易产生变形和裂纹，所以多用于制造切削速度低的简单手工工具，如锉刀、锯条和刮刀等。常用牌号为 T10、T10A 和 T12、T12A 等。

2）合金工具钢。在碳素工具钢中加入适量的铬（Cr）、钨（W）、锰（Mn）等合金元素，能够提高材料的耐热性、耐磨性和韧性。它的主要优点是淬火变形小、淬透性好，淬火硬度可达 61 ~ 65HRC，耐热性可达 300 ~ 400℃。常用于制造低速加工（允许的切削速度可比碳素工具钢提高 20% 左右）和要求热处理变形小的刀具，如铰刀、拉刀等。常用的牌号有 CrVMn 和 9SiCr 等。

3）高速钢。高速钢有很高的强度和韧性，热处理后的硬度为 63 ~ 70HRC，热硬温度达 500 ~ 650℃，允许切削速度为 40m/min 左右。主要用于制造各种复杂刀具，如钻头、铰刀、拉刀、铣刀、齿轮刀具及各种成形刀具。高速钢常用的牌号有 W18Cr4V、W6Mo5Cr4V2 和 W9Mo3Cr4V 等。

4）硬质合金。硬质合金是由高硬难熔金属碳化物粉末，以钴为粘结剂，用粉末冶金的方法制成的。它的硬度很高，可达 74 ~ 82HRC，热硬温度达 800 ~ 1000℃，允许切削速度达 100 ~ 300m/min。但其抗弯强度低，不能承受较大的冲击载荷。硬质合金目前多用于制造各种简单刀具，如车刀、铣刀、刨刀的刀片等。根据 GB/T 2075—2007，硬质合金可分为 P、M、K、N、S、H 六个主要类别。下面主要介绍 P、M、K 三类硬质合金。

① P 类硬质合金（蓝色）。相当于旧牌号 YT 类硬质合金。适宜加工长切屑的黑色金属，如钢、铸钢等。其代号有 P01、P10、P20、P30、P40、P50 等，数字越大，耐磨性越低而韧性越高。精加工选用 P01，半精加工选用 P10、P20，粗加工选用 P30。

② M 类硬质合金（黄色）。相当于旧牌号 YW 类硬质合金。适宜加工长切屑或短切屑的金属材料，如钢、铸钢、不锈钢、灰铸铁、有色金属等。其代号有 M10、M20、M30、M40 等，数字越大，耐磨性越低而韧性越高。精加工选用 M10，半精加工选用 M20，粗加工选用 M30。

③ K 类硬质合金（红色）。相当于旧牌号 YG 类硬质合金。适宜加工短切屑的金属和非金属材料，如淬硬钢、铸铁、铜铝合金、塑料等。其代号有 K01、K10、K20、K30、K40 等，数字越大，耐磨性越低而韧性越高。精加工选用 K01，半精加工选用 K10、K20，粗加工选用 K30。

5）涂层刀具材料。涂层刀具材料是在硬质合金或高速钢的基体上，涂一层几微米厚的高硬度、高耐磨性的金属化合物（TiC、TiN、Al_2O_3 等）而构成的。涂层硬质合金刀具的寿命比不涂层的至少可提高 1 ~ 3 倍，涂层高速钢刀具寿命比不涂层的可提高 2 ~ 10 倍。国内涂层硬质合金刀片牌号有 CN、CA、YB 等系列。

（2）超硬刀具材料　超硬刀具材料目前用得较多的有陶瓷、人造聚晶金刚石和立方氮化硼等。

1）陶瓷。常用的陶瓷刀具材料主要是由 Al_2O_3 添加一定量的金属元素或金属碳化物构成的，采用热压成形和烧结的方法获得。陶瓷刀具有很高的硬度（91 ~ 95HRA），耐磨性很好，有很高的耐热性，在 1200℃ 的高温下仍能切削。常用的切削速度为 100 ~ 400m/min，有的甚至可高达 750m/min，切削效率比硬质合金提高 1 ~ 4 倍。它的主要缺点是抗弯强度低，冲击韧性差。陶瓷材料可做成各种刀片，主要用于冷硬铸铁、高硬钢和高强钢等难加工材料的半精加工和精加工。

2）人造聚晶金刚石（PCD）。人造聚晶金刚石是在高温高压下将金刚石微粉聚合而成的多晶体材料，其硬度极高（5000HV 以上），仅次于天然金刚石（10000HV），耐磨性极好，可切削极硬的材料而长时间保持尺寸的稳定性，其刀具寿命比硬质合金高几十至 300 倍。但这种材料的韧性和抗弯强度很差，只有硬质合金的 1/4 左右；热稳定性也很差，当切削温度达到 700 ~ 800℃ 时，就会失去其硬度，因而不能在高温下切削；与铁的亲和力很强，一般不适宜加工黑色金属。人造聚晶金刚石可制成各种车刀、镗刀、铣刀的刀片，主要用于精加工有色金属及非金属，如铝、铜及其合金，陶瓷，合成纤维，强化塑料和硬橡胶等。近年来，为了提高金刚石刀片的强度和韧性，常把聚晶金刚石与硬质合金结合起来做成复合刀片，即在硬质合金的基体上烧结一层约 0.5mm 厚的聚晶金刚石构成的刀片。其综合切削性能很好，在实际生产中应用较多。

3）立方氮化硼（CBN）。立方氮化硼也是在高温高压下制成的一种新型超硬刀具材料，其硬度也仅次于金刚石，达 7000 ~ 8000HV，耐磨性很好，耐热性比金刚石高得多，达

1200℃，可承受很高的切削温度。在 1200～1300℃的高温下也不与铁金属起化学反应，因此可以加工钢铁。立方氮化硼可做成整体刀片，也可与硬质合金做成复合刀片。刀具寿命是硬质合金和陶瓷刀具的几十倍。立方氮化硼目前主要用于淬硬钢、耐磨铸铁、高温合金等难加工材料的半精加工和精加工。

1.4.2　刀具切削部分的基本定义

金属切削刀具的种类尽管繁多，但它们切削部分的几何形状与参数都有共性，其基本形态总是和外圆车刀的切削部分相似。如图 1-8 所示，每一把刀具的一个刀齿相当于一把外圆车刀的切削部分。

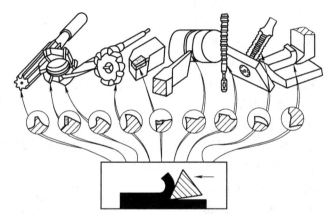

图 1-8　刀具的切削部分

1. 车刀的组成

车刀由刀柄和刀体组成。刀柄是刀具的夹持部分；刀体是刀具上夹持或焊接刀条、刀片的部分，或由它形成切削刃的部分，如图 1-9 所示。

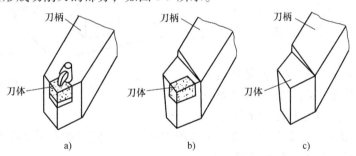

图 1-9　车刀的组成
a）可转位车刀　b）焊接式车刀　c）整体式车刀

刀体是刀具的切削部分，它又由"三面两刃一尖"（即前刀面、主后刀面、副后刀面、主切削刃、副切削刃、刀尖）组成，如图 1-10 所示。

（1）前刀面　前刀面是切屑流过的表面。该面直接作用在被切削的金属层上，当切屑流出时，它与切屑接触。

（2）后刀面　后刀面是与工件上过渡表面相对的刀面。

（3）副后刀面　该面是与工件上已加工表面相对的刀面。

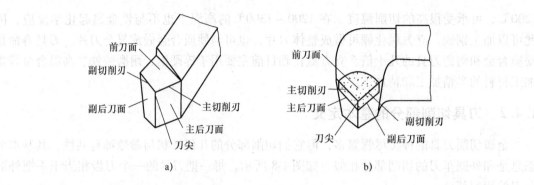

图 1-10　刀体的组成

a) 外圆车刀　b) 车孔刀

（4）主切削刃　是前刀面与后刀面的交线。

（5）副切削刃　是前刀面与副后刀面的交线。

（6）刀尖　是主切削刃与副切削刃的连接部分，它可以是曲线、直线或实际交点。

2. 确定刀具角度的静止参考系

为了确定刀具角度的大小，必须建立一定的参考系。参考系由坐标平面，即常说的辅助平面构成。所谓刀具静止参考系，就是在不考虑进给运动，规定车刀刀尖与工件轴线等高，刀柄的中心线垂直于进给方向等简化条件下的参考系。

刀具静止参考系的主要坐标平面有基面 p_r、切削平面 p_s、正交平面 p_o 等，如图 1-11 所示。

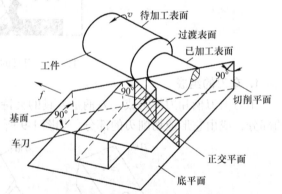

图 1-11　刀具静止参考系的坐标平面

（1）基面 p_r　基面是通过主切削刃选定点的平面，它平行或垂直于刀具在制造、刃磨及测量时适合于安装或定位的一个平面或轴线，一般说来其方位要垂直于假定的主运动方向。对于车刀，基面一般为过切削刃选定点的水平面。

（2）切削平面 p_s　切削平面是通过主切削刃选定点与切削刃相切并垂直于基面的平面。对于车刀，切削平面一般为铅垂面。

（3）正交平面 p_o　正交平面是通过主切削刃选定点并同时垂直于基面和切削平面的平面。对于车刀，正交平面一般也是铅垂面。

3. 刀具标注角度

刀具标注角度是指刀具在其静止参考系中的一组角度，这些角度是刀具设计、制造、刃磨和测量时所必需的。它主要包括前角、后角、主偏角、副偏角和刃倾角等。图 1-12 所示为外圆车刀的标注角度；图 1-13 所示为车孔刀的标注角度。

（1）前角 γ_o　前角是前刀面与基面间的夹角，在正交平面中测量，用 γ_o 表示。

（2）后角 α_o　后角是主后刀面与切削平面间的夹角，在正交平面内测量，用 α_o 表示。

（3）主偏角 κ_r　主偏角是切削平面与基面间的夹角，在基面内测量，用 κ_r 表示。若主切削刃为直线，主偏角就是主切削刃在基面上的投影与进给方向的夹角。

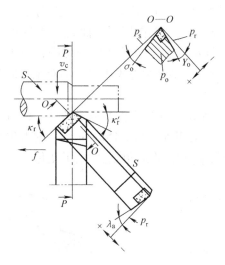

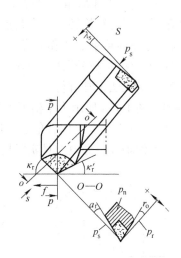

图 1-12　外圆车刀的标注角度　　　　　　图 1-13　车孔刀的标注角度

（4）副偏角 κ_r'　副偏角是副切削平面与基面间的夹角，在基面内测量，用 κ_r' 表示。若副切削刃为直线，副偏角就是副切削刃在基面上的投影与进给反方向的夹角。

（5）刃倾角 λ_s　刃倾角是主切削刃与基面间的夹角，在切削平面内测量，用 λ_s 表示。

4. 刀具的工作角度

上述刀具标注角度，是在静止参考系中假定不考虑进给运动，刀尖与工件轴线等高，刀柄中心线垂直于进给方向的条件下的一组角度。在实际切削过程中并不完全是这种理想状况，刀具实际切削时的工作角度要发生某些变化的，这些变化对切削加工将产生一定的影响。

例如，图 1-14a 所示为未考虑进给运动的影响，符合静止参考系条件，此时工作前角

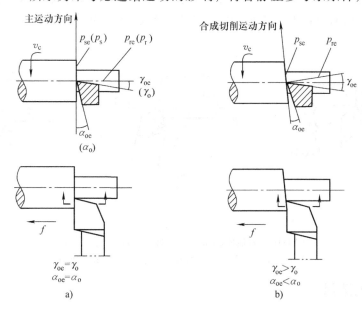

图 1-14　进给运动对工作前角、后角的影响

a）未考虑进给运动　b）考虑进给运动

γ_{oe} 与标注前角 γ_o、工作后角 α_{oe} 与标注后角 α_o 分别相等；图 1-14b 所示为考虑了进给运动，基面和切削平面逆时针旋转了一个角度，变成工作基面 p_{re} 和工作切削平面 p_{se}，此时的工作前角 γ_{oe} 大于标注前角 γ_o，工作后角 α_{oe} 小于标注后角 α_o。在一般的切削加工中，由于进给量很小，这种变化常忽略不计，但在车削大导程螺纹时，则必须考虑进给运动对工作后角的影响，否则车削无法正常进行。

又例如，图 1-15a 所示为车槽刀刀尖与工件轴线等高，符合静止参考系条件，此时工作前角 γ_{oe} 与标注前角 γ_o、工作后角 α_{oe} 与标注后角 α_o 分别相等；图 1-15b、c 所示的刀尖分别高于和低于工件轴线，导致刀具实际切削的工作前角 γ_{oe} 和工作后角 α_{oe} 发生了变化。

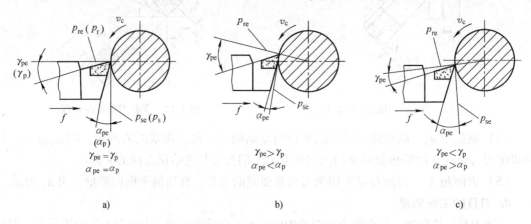

图 1-15　车槽刀安装高低对工作前角、后角的影响

a）刀尖与工件轴线等高　b）刀尖高于工件轴线　c）刀尖低于工件轴线

再例如，图 1-16a 所示为外圆尖头刀刀柄的中心线垂直于进给方向，符合静止参考系条件，此时工作主偏角 κ_{re} 与标注主偏角 κ_r、工作副偏角 κ'_r 与标注副偏角 κ'_r 分别相等；图 1-16b、c 所示为刀柄的中心线不垂直于进给方向，导致工作主偏角 κ_r 和工作副偏角 κ'_r 发生了变化。

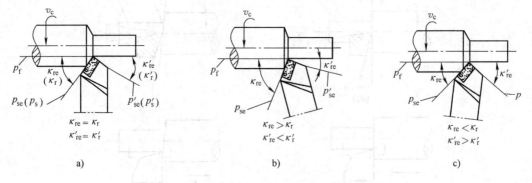

图 1-16　刀柄倾斜安装对工作主、副偏角的影响

a）刀柄垂直安装　b）刀柄右倾安装　c）刀柄左倾安装

1.4.3　刀具的选用

刀具的选用包括刀具种类、刀具材料和刀具几何参数（刀具角度）的选择。选用时，要根据被加工工件的材质、硬度、形状、技术要求、生产类型及有关工艺条件（如所用机

床、加工方法等）进行具体分析。

1. 刀具种类的选择

刀具种类主要根据被加工表面的形状、尺寸、精度、加工方法、所用机床及要求的生产率等进行选择。如平面的加工，单件小批量生产中可采用刨床刨削，所用刀具为刨刀；在大批大量生产中，多采用铣床铣削，或拉床拉削（精度较高时），所用刀具为铣刀和拉刀。又如孔的加工，在实体材料上加工低精度孔，常使用钻头；若孔的精度要求中等，还要使用扩孔钻（扩孔）或镗刀（镗孔）；若孔的精度要求较高，一般还要使用铰刀（铰孔）或镗刀（镗孔）。同样是铰孔，生产率要求低时，采用手铰，刀具为手用铰刀；生产率要求高时，采用机铰，刀具为机用铰刀等。

2. 刀具材料的选择

刀具材料主要根据工件材料、刀具形状和类型及加工要求等进行选择。对于切削刃形状复杂的刀具，例如成形车刀、拉刀、丝锥、板牙、齿轮刀具，以及容屑槽是螺旋形的刀具，目前大多用高速钢（HSS）制造。硬质合金的牌号很多，总的加工范围十分广泛，切削速度和刀具寿命也很高，为了提高生产率，应尽量选用。各种常用刀具材料可切削的主要工件材料见表 1-6。

表 1-6 常用刀具材料可切削的主要工件材料

刀具材料 \ 工件材料		结构钢	合金钢	铸铁	淬硬钢	冷硬铸铁	镍基高温合金	钛合金	铜铝等有色金属	非金属
高速钢		√	√	√			√	√	√	√
硬质合金	K 类			√		√	√	√	√	√
	P 类	√	√							
	M 类	√	√	√			√		√	
涂层硬质合金		√	√	√						
TiC（N）基硬质合金		√	√	√					√	
陶瓷	Al₂O₃ 基	√	√	√			√			
	Si₃N₄ 基			√			√			
超硬材料	金刚石								√	√
	立方氮化硼				√	√	√			

3. 刀具角度的选择

刀具角度的选择主要包括刀具的前角、后角、主偏角、副偏角和刃倾角的选择。

（1）前角 γ。前角的主要作用是使刃口锋利，且影响切削刃的强度。增大前角能使切削刃变得锋利，使切削更为轻快，并减小切削力和切削热。但前角过大，切削刃和刀尖的强度下降，刀具导热体积减小，影响刀具寿命。前角的大小对表面粗糙度、排屑及断屑等也有一定影响。生产中，前角大小常根据工件材料、刀具材料、加工要求等进行选择。工件材料的强度、硬度低，前角应选得大一些，反之应选得小些；刀具材料韧性好（如高速钢），前角可选得大些，反之应选得小些（如硬质合金）；精加工时前角可选得大些，粗加工时应选得小些。通常硬质合金车刀的前角在 $-5° \sim +20°$ 范围内选取,高速钢刀具的前角可比同类硬质合金刀具大 $5° \sim 10°$。

(2)后角 α_o　后角的主要作用是减少刀具后刀面与工件之间的摩擦和磨损。其大小对刀具寿命和加工表面质量都有很大影响,合理后角的大小主要取决于切削厚度(或进给量),也与工件材料、工艺系统的刚性等有关。一般来说,切削厚度越大,刀具后角越小;工件材料越软,塑性越大,后角越大。工艺系统刚性较差时,应适当减小后角,尺寸精度要求较高的刀具,后角宜取小值。车削一般钢和铸铁时,车刀后角常选用 $4° \sim 6°$。

(3)主偏角 κ_r　主偏角的主要影响背向力 F_p 与进给力 F_f 的比例以及刀具寿命,如图1-17所示。外圆车刀的主偏角通常有 $90°$、$75°$、$60°$ 和 $45°$ 等。当加工刚度较差的细长轴时,常取 $\kappa_r = 90°$ 或 $75°$。主偏角 κ_r 的大小影响切削条件和刀具寿命。在工艺系统刚性很好时,减小主偏角可提高刀具寿命、减小已加工面粗糙度值,所以 κ_r 宜取小值;在工件刚性较差时,为避免工件变形和振动,应选用较大的主偏角。

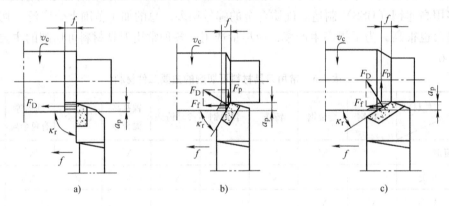

图1-17　主偏角对背向力 F_p 和刀具寿命的影响
a)$\kappa_r = 90°$　b)$\kappa_r = 60°$　c)$\kappa_r = 30°$

(4)副偏角 κ_r'　副偏角的作用是减少刀具副切削刃与工件已加工表面的摩擦,减少切削振动,如图1-18所示。κ_r' 的大小主要根据表面粗糙度的要求选取,粗加工取大值,精加工取小值。

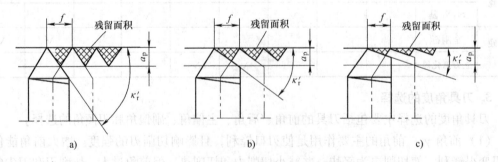

图1-18　副偏角对表面粗糙度 Ra 值的影响
a)$\kappa_r' = 60°$　b)$\kappa_r' = 30°$　c)$\kappa_r' = 15°$

(5)刃倾角 λ_s　刃倾角 λ_s 主要影响刀头的强度和切屑流动的方向,如图1-19所示。在加工一般钢料和铸铁时,无冲击的粗车取 $\lambda_s = 0° \sim -5°$,精车取 $\lambda_s = 0° \sim +5°$;有冲击负荷时，取 $\lambda_s = -5° \sim -15°$；当冲击特别大时，取 $\lambda_s = -30° \sim -45°$。加工高强度钢、冷硬钢时 $\lambda_s = -20° \sim -30°$。

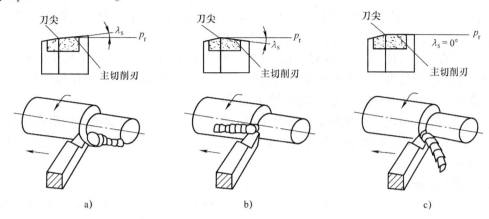

图 1-19 刃倾角对切屑流向的影响

a）刃倾角为负值 b）刃倾角为正值 c）刃倾角为零

应该指出，刀具各角度之间是相互联系、相互影响的。孤立地选择某一角度并不能得到所希望的合理值。如在加工硬度较高的工件材料时，为了增加切削刃的强度，一般取较小的后角，但在加工特别硬的材料如淬硬钢时，通常采用负前角，这时如适当增大后角，不仅使切削刃易于切入工件，而且还可提高刀具寿命。

刀具选用的实践性很强，要选好、用好刀具，必须在实践中不断积累经验，掌握一般刀具的选用规律。另一方面，随着科技的发展，各种新的刀具材料及刀具加工工艺不断涌现，要选好、用好刀具，还必须掌握各种新型刀具的特点和选用原则。

1.4.4 刀具磨损

切削过程中，刀具与工件、切屑的接触面上存在巨大的压力、相当高的温度和剧烈的摩擦，在这种条件下，刀面上一些材料的微粒在切削过程中会逐渐地被工件或切屑擦伤带走，这种现象称为刀具的磨损。

刀具磨损后，其切削部分的形状和切削性能将发生变化，引起切削力增大，切削温度升高，甚至产生振动，从而导致工件加工质量下降。另外，刀具磨损还使刀具材料的消耗及磨刀时间与费用增加，从而影响切削加工的生产率和成本。刀具磨损过大而继续切削时，会由于切削力过大而损坏刀具、夹具与机床，或造成废品、设备和人身事故。所以，刀具磨损会给切削加工带来诸多不利的影响。因此，研究和掌握刀具磨损的一般规律，对保证工件加工质量，提高切削加工生产率和降低成本具有重要意义。

1. 刀具磨损过程

在刀具磨损过程中，其磨损量总是随切削时间的增加而增大，但实验表明，各种不同时间阶段的磨损量增长率是不同的。图 1-20 所示为硬质合金车刀主、后刀面磨损量 VB 值随切削时间的增加而增大的情况，称为磨损曲线。根据曲线反映的规律，可将刀具磨损

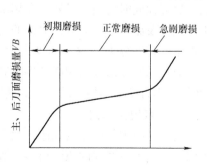

图 1-20 刀具磨损过程

过程分为三个阶段：

（1）初期磨损阶段　发生在刀具开始切削的短时间内，一般初期磨损量为 0.05 ~ 0.1mm。初期磨损阶段刀具磨损较快的原因是，新刃磨过的刀具表面仍存在微观粗糙不平、氧化或脱碳层等缺陷，使刀面表层上的材料耐磨性较差。

（2）正常磨损阶段　经初期磨损后，刀具粗糙表面逐渐磨平，刀面上单位面积压力减小，磨损比较缓慢且均匀，进入正常磨损阶段。这一阶段磨损量与切削时间近似成比例增加。正常磨损阶段是刀具发挥其正常切削作用的主要阶段。

（3）急剧磨损阶段　当磨损量增加到一定限度后，刀具已磨损变钝，切削力与切削温度迅速升高，磨损量急剧增加，刀具失去正常的切削能力。因此在这阶段到来之前，就要及时换刀或重磨。

2. 刀具磨损形式

刀具切削工件时，如果切削条件不同，刀具上磨损的部位及其形态特征也将有所不同，典型的刀具磨损有以下三种形式，如图 1-21 所示。

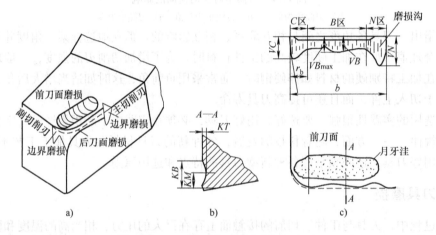

图 1-21　刀具磨损形态及其测量

（1）后刀面磨损　切削脆性材料，或者切削塑性材料，$h_D < 0.1$mm 时，易发生这种磨损。后刀面磨损程度通常用后刀面平均磨损宽度 VB 来表示。

（2）前刀面磨损　切削塑性材料，$h_D > 0.5$mm 时易发生这种磨损。磨损后在前刀面切削刃口后方出现月牙洼，磨损程度用月牙洼的最大深度 KT 表示。

（3）前、后刀面同时磨损　在常规条件下切削塑性材料，$h_D = 0.1 ~ 0.5$mm 时会发生前、后刀面同时磨损。另外，在切削铸、锻件等表皮粗糙的工件时，常在主切削刃靠近待加工表面以及副切削刃靠近刀尖处的后刀面上磨出较深的沟纹，称为边界磨损，C 区和 N 区磨损严重，宽度分别以 VC 和 VN 表示。

刀具的磨损形式随切削条件不同可以互相转化，在大多数情况下，后刀面都有磨损，且 VB 的大小直接影响加工质量，又便于测量，所以常用 VB 来表示刀具磨损程度。

3. 刀具磨损原因

为了掌握刀具磨损的规律，很多学者对刀具磨损的原因进行了多方面的分析研究。结果表明，引起刀具磨损的原因很多，既有机械摩擦作用，又有切削力、切削热作用下的物理、化学作用。归纳起来主要有以下几种原因。

（1）硬质点磨损　硬质点磨损是由于工件材料中的硬质点或积屑瘤碎片对刀具表面的机械划伤，使刀具磨损。

各种刀具都会产生硬质点磨损。对于切削脆性材料和在低速条件下工作的刀具，如拉刀、丝锥、板牙和高速钢刀具等，硬质点磨损是刀具磨损的主要原因。

（2）粘结磨损（冷焊磨损）　粘结磨损是指刀具与工件材料（或切屑）的接触面上在足够的压力和温度作用下，达到原子间距离而产生冷焊，粘结点因相对运动，晶粒或晶粒群受剪或受拉而被对方带走造成的磨损。由于刀具材料中存在组织不均匀、微裂纹及局部软点等缺陷，故在粘结点破裂时，也常发生刀具表面材料被切屑、工件带走的现象，造成粘结磨损。

实践证明，高速钢、硬质合金、陶瓷刀具与立方氮化硼刀具都有可能与工件材料产生粘结而磨损，硬质合金刀具在中等或偏低的切削速度下切削脆性材料时，高速钢刀具在正常工作切削速度下，粘结磨损比较严重。在 P、K 两类硬质合金中，P 类硬质合金刀具切削钢时发生粘结磨损的温度比 K 类硬质合金刀具高，高速钢刀具材料的抗剪与抗拉强度均较高，因此其抗粘结磨损的能力比硬质合金刀具材料强。

（3）扩散磨损　扩散磨损是指刀具表面与被切出的工件新鲜表面接触，在高温的作用下，两摩擦面的化学元素获得足够的能量，相互扩散，改变了接触面各方的化学成分，降低了刀具材料的性能，从而造成刀具磨损。例如高速切削时，硬质合金中的 C、W、Co、Ti、Ta 等元素向工件和切屑中扩散，而切屑和工件中的 Fe、Mn 等元素向刀具扩散。结果使刀具表面发生贫 C、贫 W 和少 Co 现象。同时，由工件扩散到刀具中的 Fe 与合金中的成分结合形成低硬度、高脆性的复合碳化物，使刀具磨损加快。

（4）氧化磨损　氧化磨损是指刀具与周围介质（如空气中的氧，切削液中的添加剂硫、氯等）在一定的温度下发生化学作用，使刀具表面形成硬度低、耐磨性差的化学物，加速刀具磨损。

一般来说，在刀—屑接触区中，空气不易进入，故氧化磨损多发生在主、副切削刃的工作边界附近，造成边界磨损。在 P、K 两类硬质合金刀具中，P 类硬质合金刀具形成的氧化膜相对较薄且牢固，故其抗氧化磨损能力较 K 类硬质合金刀具强。

1.4.5　刀具破损

切削加工中，若所用刀具脆性较大，或工件材料的硬度很高，有时刀具并未经过正常磨损阶段便在短时间内发生突然损坏，这种失效形式称为刀具破损。破损也是刀具失效的主要形式之一，据统计，硬质合金刀具的失效，50% 是由于破损造成的，陶瓷刀具破损失效的比例更高。

1. 刀具破损的形式

刀具材料不同，加工条件不同，刀具破损的形式会有所不同，通常可分为脆性破损和塑性破损两大类型。

（1）脆性破损　刀具破损前，刀具切削部分无明显的塑性变形，称为脆性破损。脆性破损常发生在硬质合金、陶瓷等硬度高、脆性大的刀具上，脆性破损又可分为以下几种形式。

1）崩刃。当工艺系统刚性较差、断续切削、毛坯余量不均匀或工件材料中有硬质点、气孔、砂眼等缺陷时，切削过程中，刀具因受冲击力作用而振动，在这种情况下，切削刃往往往会由于强度不足而产生一些小的锯齿形缺口。

2）碎裂。当加工条件更差，刀具承受冲击力更大，或刀具本身的焊接质量不好，会造成切削部分呈块状损坏。碎裂后的刀具不能再继续使用。

3）剥落。常发生在脆性很大的刀具上。由于在焊接、刃磨后，表层材料上存在着残余应力或潜在的裂纹，当刀具受到交变应力的周期性作用时，表层材料会呈片状脱落下来。

4）热裂。常发生在断续切削的刀具上，由于切削过程中，切削部分发生反复的冷缩热胀，在交变的热应力和机械应力的综合作用下，发生疲劳破坏而开裂。

（2）塑性破损　由于高温高压的作用，刀具会因切削部分发生塑性流动而迅速失效，称为塑性破损。塑性破损常发生在切削高硬度材料的刀具上，在这种条件下，如果切削用量、刀具角度等切削条件选择不合理，会使切削温度过高；高温条件下切削时，刀具材料的硬度有可能低于工件材料，因而使刀具发生卷刃、烧刃（高速钢刀具）或塌陷（硬质合金刀具）。

2. 防止刀具破损的措施

为了防止刀具破损，可根据引起破损的主要原因在以下几个方面采取适当的预防措施。

（1）合理选择刀具材料　如果加工条件较差，刀具会受到冲击力的作用，选择刀具材料时应注意在保证一定的硬度和耐热性的同时，使刀具有较高的韧性。

（2）选择合理的刀具角度　在刀具角度中，减小前、后角，刃磨负倒棱有利于提高刀具刃部强度。刃磨负倒棱是防止刀具崩刃的有效措施之一。另外，减小主偏角 κ_r，减小工作切削刃上单位长度上的负荷，选择负的刃倾角，加强刀具头部强度，提高抗冲击能力，都有利于避免刀具的破损。

（3）选择适当的切削用量　过大的 a_p 和 f，会引起切削力过大，其中 a_p 对切削力的影响更大，不利于防止刀具的破损。选择 v_c 时不应太高，否则易引起刀具的塑性破损，在使用硬质合金刀具时，v_c 也不宜太低，低速下的硬质合金刀具强度较小。

除以上措施外，提高加工工艺系统的刚性以防止切削时的振动，提高刀具的焊接、刃磨质量，合理使用切削液等都有利于防止刀具的破损。

1.4.6　刀具寿命

1. 刀具磨钝标准

通过对刀具磨损过程的分析，可知刀具不能无休止地使用下去，磨损量达到一定程度就要重磨或换刀，这个允许的限度称为磨钝标准。

用于制定磨钝标准的指标，应视刀具磨损的主要形式和具体加工要求等决定。当后刀面磨损为主要形式时，可用后刀面磨损棱带平均宽度 VB 作为指标制定磨钝标准。如果磨损棱带不均匀，国际标准（ISO）规定以磨损带中间处测定的宽度规定磨钝标准。当刀具以月牙洼磨损为主要形式时，可用月牙洼深度 KT 规定磨钝标准。对于一次性对刀的自动化精加工刀具，则用径向磨损量 NB 作为指标，如图 1-22 所示。

在规定磨钝标准的具体数值时，有两种不同的出发点。一种是尽可能充分地利用刀具的正常磨损阶段，以接近急剧磨损

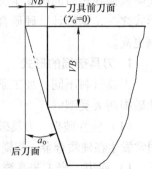

图 1-22　车刀的磨损量

阶段的磨损量作为磨钝标准。这样可以充分利用刀具材料，减少换刀次数，从而获得高生产率和低成本，这样规定的磨钝标准称为经济磨钝标准，适用于粗加工和半精加工。另一种是根据工件加工精度和表面质量的要求制定磨钝标准。这种标准可以保证工件要求的精度和质量，称为工艺磨钝标准，适用于精加工。两种磨钝标准，一般都需经过试验确定。磨钝标准的具体数值可查阅有关手册。

2. 刀具寿命

刀具寿命是指刀具刃磨后开始切削，一直到磨损量达到刀具磨钝标准所经历的总切削时间，用 T 表示，单位为 min。它也是刀具两次刃磨之间实际进行切削的时间。刀具寿命乘以刃磨次数称为刀具总寿命。

刀具寿命的高低反映了刀具磨损的快慢。因此，凡是影响刀具磨损的因素，必然影响刀具寿命。对于某一切削过程，当工件、刀具材料和刀具几何参数选定之后，切削用量是影响刀具寿命的主要因素。

3. 刀具寿命的影响因素

（1）切削用量的影响　　切削用量 v_c、f、a_p 增大，摩擦和切削热增加，切削温度升高，将加速刀具的磨损，从而使刀具寿命下降。其中以 v_c 影响最显著，f 次之，a_p 影响最小，这是由它们对切削温度的影响顺序所决定的。其他影响切削温度的因素同样也影响刀具寿命。

（2）工件材料的影响　　工件材料强度、硬度越高，塑性越好，导热性越差，切削温度越高，则刀具磨损加快，寿命降低。

（3）刀具材料的影响　　刀具材料的热硬性和耐磨性好，刀具不容易磨损，刀具寿命高。

（4）刀具几何角度的影响　　刀具的 γ_o、α_o 增大，切削时的变形、摩擦减小，磨损也减少，使刀具寿命提高；但 γ_o、α_o 过大时，切削刃强度削弱，导热体积减小，反而会加快磨损，使刀具寿命下降。

（5）其他因素的影响　　正确使用切削液，可吸收大量切削热，降低切削温度，改善切削条件，减少刀具磨损，提高刀具寿命。

1.5　磨料与磨具

磨具是用于磨削、研磨和抛光的工具。磨具的种类很多，有砂轮、磨头、磨石、砂纸、砂布、砂带以及研磨剂、研磨膏等。其中，砂轮、磨头、磨石称为固结磨具，如图 1-23 所示，固结磨具由结合剂将磨粒固结成一定形状具有一定强度的磨具。固结磨具有气孔，气孔在切削过程中起裸露磨粒棱角（即切削刃）、容屑和散热的作用。砂纸、砂布和砂带称为涂附磨具，如图 1-24 所示，涂附磨具是用粘结剂把磨粒粘附在可挠曲的基材上制成的磨具。

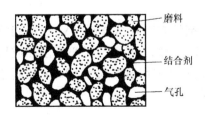

图 1-23　固结磨具的结构

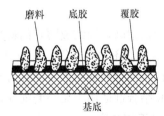

图 1-24　涂附磨具的结构

　　由于各种零件被磨削时所表现的性能是各不相同的，所以对固结磨具提出了不同的性能要求，固结磨具的特性包括磨料、粒度、硬度、组织、结合剂、最高工作速度、形状和尺寸等。

1. 磨料

　　磨料是磨具的主要成分，它除了应具有锋利的尖角之外，还应有高的硬度、耐热性和一定的韧性，以担负切削任务。

　　目前常用的磨料有棕刚玉（A）、白刚玉（WA）、黑碳化硅（C）和绿碳化硅（GC）等。棕刚玉用于加工硬度较低的塑性材料，如中、低碳钢和普通合金钢等；白刚玉用于加工硬度较高的塑性材料，如高碳钢、高速钢和淬硬钢等；黑碳化硅用于加工硬度较低的脆性材料，如铸铁、铸铜等；绿碳化硅用于加工高硬度的脆性材料，如硬质合金、宝石、陶瓷和玻璃等。

2. 粒度

　　粒度是磨料大小的量度。粒度分为粗磨粒和微粉两类。

　　（1）粗磨粒　粗磨粒用筛分法分级，用标准砂对筛分值进行校正。粒度号前冠以字母F，粗磨粒粒度号有：F4，F5，F6，…，F36，F40，F46，F54，F60，F70，F80，F90，F100，F120，F150，F180，F220等，共26个号。一般粗磨选用较粗的磨粒，如F36 ~ F46；精磨选用较细的磨粒，如F60 ~ F120。

　　（2）微粉　微粉是用沉降法检验其粒度组成时，中值粒径不大于$60\mu m$的磨粒。微粉包括F系列微粉和J系列微粉两个系列，粒度号前分别冠以字母F和字符#。微粉粒度号F230 ~ F1200、#240 ~ #8000为普通磨料磨粒，它多用于研磨等精密加工和超精密加工。

3. 硬度

　　磨具的硬度是磨粒在外力作用下从磨具表面脱落的难易程度，砂轮的硬度和磨料本身的硬度是两个不同的概念。砂轮硬表示磨粒难脱落，砂轮软表示磨粒易脱落。一般情况下，加工硬度大的金属，应选用软砂轮；加工软金属时，应选用硬砂轮。粗磨时，选用软砂轮；精磨时，选用硬砂轮。

　　磨具硬度规定了19个级别：A，B，C，D（极软）；E，F，G（很软）；H，J，K（软）；L，M，N（中级）；P，Q，R，S（硬）；T（很硬）；Y（极硬）。普通磨削常用G ~ N级硬度的砂轮。

4. 组织

　　组织是磨具中磨粒、结合剂和气孔三部分体积的比例关系。通常以磨粒所占磨具体积的百分比来分级。磨具有三种组织状态（紧密、中等、疏松），共15级（0 ~ 14），0号紧密，14号疏松。普通磨削常用4 ~ 7号组织的磨具，故粗磨时应采用组织较疏松的磨具，精磨时应采用组织较紧密的磨具。

5. 结合剂

　　结合剂是把磨粒固结成磨具的材料。常用的结合剂性有陶瓷结合剂（V）、树脂结合剂（B）和橡胶结合剂（R）等。陶瓷结合剂适用于外圆、内圆、平面、无心磨削和成形磨削砂轮等；树脂结合剂适用于切断和开槽的薄片砂轮及最高工作速度大于$50m/s$的高速磨削砂轮；橡胶结合剂适用于无心磨削导轮、抛光砂轮等。

6. 最高工作速度

　　最高工作转速是砂轮工作时允许使用的最高圆周速度，单位为m/s。

7. 形状和尺寸

磨具的形状和尺寸是根据磨床类型、加工方法及工件的加工要求确定的。砂轮的形状代号及其基本用途见表 1-7。磨石的形状代号如正方磨石为 SF，长方磨石为 SC。

表 1-7　砂轮的形状代号及用途

砂轮名称	简图	代号	用　　　途
平形砂轮		P	磨削外圆、内圆、平面，并用于无心磨削
双斜边砂轮		PSX	磨削齿轮的齿形和螺纹
筒形砂轮		N	立轴端面平磨
杯形砂轮		B	磨削平面、内圆及刀具
碗形砂轮		BW	刃磨刀具，磨削导轨
碟形砂轮		D	磨削铣刀、铰刀、拉刀及齿轮的齿形
薄片砂轮		PB	切断和开槽

磨具的尺寸代号按外径 × 厚度 × 内径方式表示，以毫米为单位，只标记数字。

8. 磨具标记

磨具标记的书写顺序为：形状、尺寸、磨料、粒度、硬度、组织、结合剂和最高工作速度（此项砂轮有）。

（1）砂轮标记　P400 × 150 × 203AF60L5B35：P 为平形砂轮；400 × 150 × 203 为外径、厚度和内径尺寸；A 为棕刚玉；F60 为粒度号；L 为中级硬度号；5 为中等组织号；B 为树脂结合剂；35 为最高工作速度（m/s）。标记在砂轮的端面上。

（2）磨石标记　SF10 × 80GCF230M8V：SF 为正方磨石；10 × 80 为正方形边长和长度尺寸；GC 为绿碳化硅；F230 为粒度号；M 为中级硬度号；8 为疏松组织号；V 为陶瓷结合剂。

（3）砂带标记　DWBN80 × 2500WAP60：DWBN 为耐水无接头环形布砂带；80 × 2500 为宽度和周长尺寸；WA 为白刚玉；P60 为涂附磨具粒度号。

1.6　机床夹具简介

机床夹具是机械加工工艺系统的重要组成部分，是机械制造中的重要工艺装备。在机床上加工工件时，为保证加工精度和提高生产率，必须使工件在机床上相对刀具占有正确的位置，这一过程称为工件的定位。为了使工件能承受切削力，并保持其正确的位置，还必须把工件压紧或夹牢，这一过程称为工件的夹紧。从定位到夹紧的整个过程，称为工件的装夹。

用于装夹工件的工艺装备称为机床夹具。

1.6.1　工件在机床上的装夹方法

工件在各种不同的机床上进行加工时，由于工件的尺寸、形状、加工要求和生产批量的不同，其装夹方式也不相同，工件的装夹常用以下三种方式。

1. 直接找正装夹

直接找正装夹是工件被直接夹持在通用夹具（如自定心卡盘、机用虎口钳）或工作台上。在这种装夹方式中，工件的定位是由操作者利用划针、百分表等量具直接找正工件的待加工表面或找正工件上某一个相关表面，从而使工件获得正确的位置。图 1-25a 所示为在内圆磨床上磨削内孔；图 1-25b 所示为在刨床上刨削直槽。

2. 划线找正装夹

划线找正装夹是以划线作为工件装夹找正依据，确定工件在机床或通用夹具上的正确位置。如图 1-26 所示，在装夹工件之前，需要按照加工要求进行加工面位置的划线工序，然后按划出的线进行找正，实现工件的装夹。

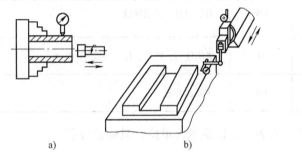
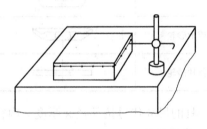

图 1-25　直接找正装夹　　　　　　　　图 1-26　划线找正装夹

上述两种装夹方法找正费时，定位精度不易保证，生产率较低，仅适用于单件小批生产。

3. 夹具装夹

夹具装夹是为满足工件某一工序的生产而设计、制造的专用定位夹紧机构，如图 1-27

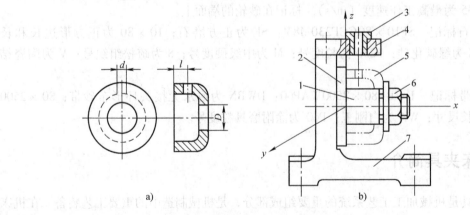

图 1-27　夹具装夹

1—定位销　2—定位板　3—导向套　4—钻模板　5—工件

6—螺母　7—夹具体

所示。这种装夹方法操作简单，效率高，容易保证加工精度，适用于成批及大量生产。

1.6.2　机床夹具的作用

（1）保证加工精度　用机床夹具装夹工件，能准确确定工件与刀具、机床之间的相对位置关系，可以保证加工精度。

（2）提高生产效率　机床夹具能快速地将工件定位和夹紧，可以减少辅助时间，提高生产效率。

（3）减轻劳动强度　机床夹具采用机械、气动、液动夹紧装置，可以减轻工人的劳动强度。

（4）扩大机床的工艺范围　利用机床夹具能扩大机床的加工范围。

1.6.3　机床夹具的分类

1. 按夹具的应用分类

（1）通用夹具　是指结构已经标准化，在一定范围内可用于加工不同工件的夹具。常见的通用夹具如图 1-28 所示。

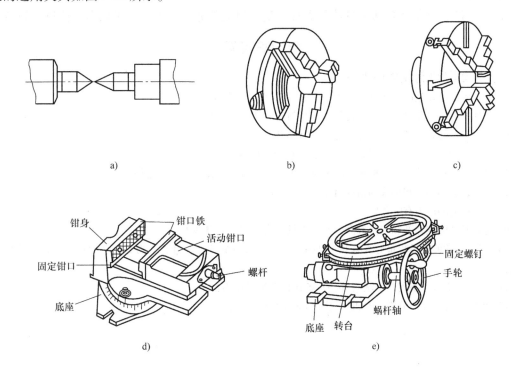

a)　　　　　　　　　b)　　　　　　　　　c)

d)　　　　　　　　　　　　　e)

图 1-28　通用夹具

a）顶尖　b）自定心卡盘　c）单动卡盘　d）机用虎钳　e）回转工作台

（2）专用夹具　针对某一工件的某道工序专门设计制造的夹具，如图 1-27 所示。

（3）组合夹具　用一套预先制造好的标准元件和组合件组装而成的夹具。

2. 按机床类型分类

按机床类型分为车床夹具、钻床夹具、铣床夹具、磨床夹具、镗床夹具和组合机床夹具等。

3. 按夹具所用夹紧动力分类

按夹具所用夹紧动力分为手动夹具、气动夹具、液压夹具、气液联动夹具、电磁夹具、真空夹具等。

1.6.4　机床夹具的组成

专用机床夹具一般由以下几部分组成：

（1）定位元件　确定工件正确位置的元件。

（2）夹紧装置　使工件在外力作用下仍能保持其正确定位位置的装置。

（3）对刀元件、导向元件　夹具中用于确定（或引导）刀具相对于夹具定位元件具有正确位置关系的元件。

（4）夹具体　用于连接夹具上各元件和装置机构，使之成为一个整体的基础件，夹具通过夹具体与机床连接。

（5）其他元件及装置　根据夹具的特殊功能需要而设计的元件或装置，如分度装置、转位装置等。

定位元件、夹紧装置和夹具体是夹具的基本组成部分，其他部分可根据需要进行设置。

复习思考题

1. 简述切削加工的特点和发展方向。
2. 试分析你操作过的机床（至少5种）的主运动和进给运动。
3. 刀具材料应具备哪些性能？常用刀具材料有哪些？特点是什么？
4. 确定刀具静止参考系的主要坐标平面有哪几个？
5. 试分析45°弯头车刀车外圆、端面时的进给运动和标注角度。
6. 刀具的前角、后角、主偏角、副偏角、刃倾角各有什么作用？如何选用合理的刀具角度？
7. 刀具磨损的形式和形成的条件有哪些？
8. 刀具磨损的原因有哪些？
9. 何谓刀具磨钝标准和刀具寿命？影响刀具寿命的因素有哪些？
10. 刀具正常使用过程可分为哪几个磨损阶段？各阶段的特点是什么？刀具使用时磨损应限制在哪一阶段？
11. 工件在机床上装夹的方法有哪些？各在什么情况使用？
12. 机床夹具是如何分类的？机床夹具由哪几部分组成？

第 2 章　金属切削过程及控制

本章主要介绍金属切削理论的基本知识，并介绍了零件加工质量及切削用量的选择。在学习金属切削理论时，要着重掌握切削变形、切削力、切削热与切削温度等各种现象产生的原因及其影响因素，掌握切削力和切削热的来源，以及切削用量的选择原则。

2.1　金属切削过程

金属切削过程是指通过切削运动，由刀具从工件上切下多余的金属层而形成切屑，并获得已加工表面的过程。切削过程中切削区域内的变形，是金属切削过程中最基本的物理现象，其变形规律是研究切削力、切削热、切削温度和刀具磨损等现象的重要理论基础。

2.1.1　切屑形成过程及切屑的种类

1. 切屑形成过程

如图 2-1 所示，切削加工时，当刀具接触工件后，工件上被切削层受到挤压而产生弹性变形；随着刀具继续切入，应力不断增大，当应力达到工件材料的屈服强度时，切削层开始塑性变形，沿滑移角 β_1 的方向滑移；刀具再继续切入，应力达到材料的断裂强度，被切削层就沿着挤裂角 β_2 的方向产生裂纹，形成屑片。当刀具继续前进时，新的循环又重新开始，直到整个被切削层切完为止。

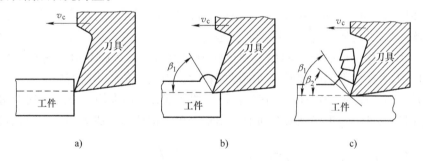

图 2-1　切屑形成过程

a）弹性变形　b）塑性变形　c）形成切屑

所以切削过程就是切削层材料在刀具切削刃和前刀面的作用下，经挤压、产生剪切滑移变形并断裂而成为切屑的过程。

2. 切削变形过程

如图 2-2 所示，切削塑性金属时，当工件受到刀具的挤压后，切削层金属在 OA 始滑移面以左发生弹性变形，在 AOM 区域内产生塑性变形，在 OM 终滑移面上应力和塑性变形达到最大值，切削层金属被挤裂而破坏，越过 OM 面，切削层金属即被切离工件母体，沿刀具前刀面流出而形成切屑。这是一个动态过程，随着刀具不断向前运动，AOM 区域也不断前移，切屑源源不断流出，切削层各点金属均要经历弹性变形、塑性变形、挤裂和切离的过程。由此可见，塑性金属的切削过程是一个挤压变形切离过程，经历了弹性变形、塑性变形、挤裂和切离四个阶段。

如图 2-2 所示，切削塑性金属时有三个变形区。*AOM* 区域为第 1 变形区，又称基本变形区。该区域是切削层金属产生剪切滑移和大量塑性变形的区或，切削过程中的切削力、切削热主要来自这个区域，机床提供的大部分能量也主要消耗在这个区域。*OE* 区域为第 Ⅱ 变形区，是切屑与前刀面间的摩擦变形区。该区域的状况对积屑瘤的形成和刀具前刀面磨损有直接影响。*OF* 区域为第 Ⅲ 变形区，是工件已加工表面与刀具后刀面间

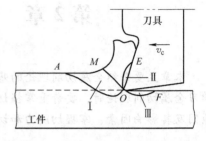

图 2-2　切屑形成过程及切削变形区

的摩擦变形区。该区域的状况，对工件表面的变形强化和残余应力以及刀具后刀面的磨损有很大影响。

这三个变形区汇集在切削刃附近，此处的应力比较集中而复杂，金属的被切削层就在此处与工件本体分离，大部分变成切屑，很小一部分留在已加工表面上。

3. 切屑的类型及控制

（1）切屑的类型　由于工件材料不同，切削过程中的变形程度也就不同，因而产生的切屑种类也就多种多样。图 2-3a～c 所示为切削塑性材料的切屑；图 2-3d 所示为切削脆性材料的切屑。

1）带状切屑。这是最常见的一种切屑，如图 2-3a 所示。它的内表面是光滑的，外表面是毛绒的，如用显微镜观察，在外表面上也可看到剪切面的条纹，但每个单元很薄，肉眼看来大体上是平整的。加工塑性金属材料，当切削厚度较小、切削速度较高、刀具前角较大时，一般常得到这类切屑。

2）挤裂切屑。如图 2-3b 所示，这类切屑与带状切屑不同之处在外表面呈锯齿形，内表面有时有裂纹。这类切屑之所以呈锯齿形，是由于它的第一变形区较宽，在剪切滑移过程中滑移量较大。由滑移变形所产生的加工硬化使剪切力增加，在局部地方达到材料的破裂强度。这种切屑大多在切削速度较低、切削厚度较大、刀具前角较小时产生。

3）单元切屑。如图 2-3c 所示，它是在挤裂切削基础上增大切削厚度，减少切削速度和前角，使剪切裂纹进一步扩展到整个面上，则整个单元被切离，成为梯形的单元切屑。

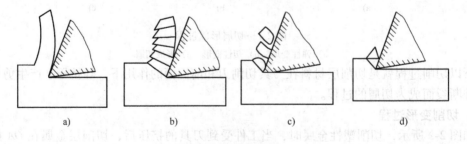

　a)　　　　　　　　b)　　　　　　　　c)　　　　　　　　d)

图 2-3　切屑的类型

以上三种切屑只有在加工塑性材料时才可能得到。其中，带状切屑的切削过程最平稳，切削力波动较小，已加工表面粗糙度值较小；单元切屑的切削力波动最大，已加工表面粗糙度值较大。在生产中最常见的是带状切屑，有时得到挤裂切屑，单元切屑则很少见。假如改

变挤裂切屑的条件，如进一步减小刀具前角，降低切削速度，或加大切削厚度，就可以得到单元切屑；反之，则可以得到带状切屑。这说明切屑的形态是可以随切削条件而转化的。掌握了切屑的变化规律，就可以控制它的变形、形态和尺寸，以达到卷屑和断屑的目的。

4）崩碎切屑。这是属于脆性材料的切屑。这种切屑的形状是不规则的，加工表面是凸凹不平的，如图 2-3d 所示。从切削过程来看，切屑在破裂前变形很小，和塑性材料的切屑形成机理也不同。它的脆断主要是由于材料所受应力超过了它的抗拉极限。加工脆硬材料，如高硅铸铁、白口铁等，特别是当切削厚度较大时常得到这种切屑。由于它的切削过程很不平稳，容易破坏刀具，也有损于机床，已加工表面又粗糙，因此在生产中应力求避免。其方法是减小切削厚度，使切屑成针状或片状；同时适当提高切削速度，以增加工件材料的塑性。

以上是四种典型的切屑，但加工现场获得的切屑，其形状是多种多样的。在现代切削加工中，切削速度与金属切除率达到了很高的水平，切削条件很恶劣，常常产生大量"不可接受"的切屑。这类切屑或拉伤工件的已加工表面，使表面粗糙度恶化；或划伤机床，卡在机床运动副之间；或造成刀具的早期破损；有时甚至影响操作者的安全。特别对于数控机床、生产自动线及柔性制造系统，如不能进行有效的切屑控制，轻则限制了机床能力的发挥，重则使生产无法正常进行。所谓切屑控制（又称切屑处理，工厂中一般简称为"断屑"），是指在切削加工中采取适当的措施来控制切屑的卷曲、流出与折断，使形成"可接受"的良好屑形。

（2）切屑控制的措施

1）采用断屑槽。如图 2-4 所示，在前刀面上磨制出断屑槽，通过设置断屑槽对流动中的切屑施加一定的约束力，使切屑应变增大，切屑卷曲半径减小。也可使用可转位刀具，由专业化生产的工具厂家和研究单位来集中解决合理的槽形设计和精确的制造工艺。

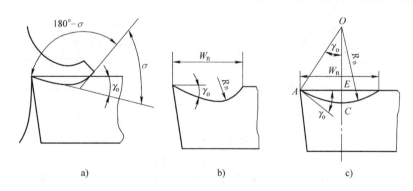

图 2-4　断屑槽的形状

a）折线形　b）直线圆弧形　c）全圆弧形

2）改变刀具角度。增大刀具主偏角，使切削厚度变大，有利于断屑。减小刀具前角可使切屑变形加大，切屑易于折断。刃倾角可以控制切屑的流向，刃倾角为正值时，切屑常卷曲后碰到后刀面折断形成 C 形屑或自然流出形成螺卷屑。刃倾角为负值时，切屑常卷曲后碰到已加工表面折断成 C 形屑或 6 字形屑。

3）调整切削用量。增大进给量 f 使切削厚度增大，对断屑有利；但增大 f 会增大加工表面粗糙度值。适当地降低切削速度使切削变形增大，也有利于断屑，但这会降低材料切除效率。因此，应根据实际条件适当选择切削用量。

2.1.2 积屑瘤的形成及控制

1. 积屑瘤的形成

切屑与前刀面接触处，在两者的接触面达到一定温度同时压力又较高时，会产生粘结现象，即一般所谓的"冷焊"。这块冷焊在前刀面上的金属称为积屑瘤或刀瘤。

当切屑从刀具的前刀面流出时，如果温度与压力适当，切屑底层的金属因摩擦阻力致使底层金属流速减慢，形成很薄的"滞流层"，当前刀面对"滞流层"金属的摩擦阻力大于切屑材料内部结合力时，一部分金属就滞留并嵌入刀具的前刀面，形成积屑瘤。

一般说来，塑性材料的加工硬化倾向越强，越易产生积屑瘤；温度与压力太低，不会产生积屑瘤；反之，温度太高，产生弱化作用，也不会产生积屑瘤。对碳素钢来说，在300～350℃时积屑瘤最高，到500℃以上时趋于消失。在切削速度不高而又能形成连续切屑的情况下，一般切削速度在5～50m/min时易产生积屑瘤。积屑瘤的硬度很高，通常是工件材料硬度的2～3倍，在处于比较稳定的状态时，能够代替切削刃进行切削。当切削速度很低（<5m/min）或很高（>100m/min）时，不容易产生积屑瘤。

2. 积屑瘤对切削过程的影响

（1）实际前角增大 积屑瘤粘附在前刀面上比较典型的情况如图2-5所示，它加大了刀具的实际前角，可使切削力减小，粗加工时对切削过程起积极的作用。积屑瘤越高，实际前角越大。

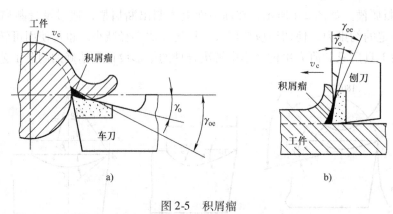

图 2-5 积屑瘤

a）车刀上的积屑瘤 b）刨刀上的积屑瘤

（2）增大切削厚度 积屑瘤使切削厚度增大。由于积屑瘤的产生、成长与脱落是一个带有一定的周期性的动态过程，切削厚度是变化的，因而有可能引起振动，并影响尺寸精度，因此在精加工时必须避免积屑瘤的产生。

（3）使加工表面粗糙度值增大 积屑瘤的底部相对稳定一些，其顶部则很不稳定，容易破裂，一部分粘附于切屑底部而排出，一部分残留在加工表面上，积屑瘤凸出切削刃部分使加工表面切削得非常粗糙，因此在精加工时必须设法避免或减小积屑瘤。

（4）对刀具寿命的影响 积屑瘤粘附在前刀面上，在相对稳定时，可代替切削刃切削，有减少刀具磨损、提高刀具寿命的作用。但在积屑瘤比较不稳定的情况下使用硬质合金刀具时，积屑瘤的破裂有可能使硬质合金刀具颗粒剥落，反而使刀具磨损加剧。

3. 控制积屑瘤的主要方法

积屑瘤对切削过程的影响有积极的一面，也有消极的一面。精加工时必须防止积屑瘤的产生，可采取的控制措施如下：

1）降低切削速度，使温度较低，粘结现象不易发生。

2）采用高速切削，使切削温度高于积屑瘤消失的相应温度。

3）采用润滑性能好的切削液，减小切屑底层材料与刀具前刀面间的摩擦。

4）增加刀具前角，以减小切屑与前刀面接触区的压力。

5）适当提高工件材料硬度，减小加工硬化倾向。

2.1.3　切削力

1. 切削力的来源

研究切削力，对进一步弄清切削机理，计算功率消耗，进行刀具、机床、夹具的设计，选择合理的切削用量，优化刀具几何参数等都具有非常重要的意义。在自动化生产中，还可通过切削力来监控切削过程和刀具工作状态，如刀具折断、磨损、破损等。

金属切削时，刀具切入工件，使被加工材料发生变形并成为切屑所需的力称为切削力。切削力的来源（见图 2-6）有以下三个方面：

1）克服工件材料弹性变形的抗力。

2）克服工件材料塑性变形的抗力。

3）克服刀-屑、刀-工接触面之间的摩擦力。

2. 切削力的分解

在车削时，作用在刀具上的切削合力 F 可分解为相互垂直的 F_c、F_f、F_p 三个分力，如图 2-7 所示。

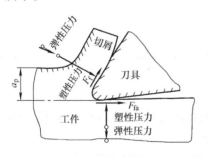

图 2-6　切削力的来源

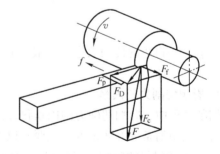

图 2-7　切削合力及其分力

（1）主切削力 F_c　它和过渡表面相切，并与基面垂直。F_c 是计算车刀强度，设计机床零件，确定机床功率的重要依据。

（2）进给力 F_f　它处于基面内并与进给方向相反。F_f 是设计进给机构和计算进给功率的依据。

（3）背向力 F_p　它处于基面内并与进给方向垂直。F_p 使工件产生弯曲变形并可能引起振动。

由图 2-7 可以看出

$$F = \sqrt{F_c^2 + F_D^2} = \sqrt{F_c^2 + F_f^2 + F_p^2}$$

一般情况下，主切削力 F_c 最大，F_p、F_f 小一些。随着刀具几何参数、刃磨质量、磨损情况和切削用量的不同，F_p、F_f 相对于 F_c 的比值在很大的范围内变化，即

$$F_p = (0.15 \sim 0.7) F_c$$
$$F_f = (0.1 \sim 0.6) F_c$$

3. 切削功率

消耗在切削过程中的功率称为切削功率 P_c。功率是力和力作用方向上的运动速度的积。切削功率是各切削分力消耗功率的总和。在外圆车削中，F_c 方向的运动速度就是切削速度 v_c，F_p 方向的运动速度等于零；F_f 方向的运动速度是转速 n 和进给量 f 的乘积，即 nf。因此，切削功率 P_c（kW）的计算公式为

$$P_c = \left(F_c v_c + \frac{F_f nf}{1000} \right) \times 10^{-3}$$

式中 F_c——主切削力（N）；

v_c——切削速度（m/s）；

F_f——进给力（N）；

n——工件的转速（r/s）；

f——进给量（mm/r）。

由于 F_f 远远小于 F_c，而 F_f 方向的运动速度又很小，因此 F_f 所消耗的功率，对比于 F_c 所消耗的功率是微不足道的（一般小于 10%），可以忽略不计。一般切削功率根据 F_c 和 v_c 计算即可

$$P_c = F_c v_c$$

根据切削功率选择机床电动机，还要考虑机床的传动效率。机床电动机的功率 P_E 应满足

$$P_E \geqslant \frac{P_c}{\eta_m}$$

式中 η_m——机床的传动效率，一般取 $0.75 \sim 0.85$，大值适用于新机床，小值适用于旧机床。

4. 影响切削力的因素

切削过程中，影响切削力的因素很多。凡是影响切削过程中的变形与摩擦的，都会影响切削力。从切削条件方面来说，主要有以下几个方面：

（1）工件材料的影响 工件材料的成分、组织和性能是影响切削力的主要因素。工件材料的强度、硬度越高，切削力越大。强度、硬度相近的材料中，塑性、韧性大的，或加工硬化严重的，切削力大。如不锈钢 12Cr18Ni9Ti 的硬度与正火 45 钢大致相等，但由于其塑性、韧性大，所以其单位切削力比 45 钢大 25%。切削脆性材料时，切屑呈崩碎状态，塑性变形与摩擦都很小，故切削力一般低于塑性材料。

（2）切削用量的影响 切削用量中对切削力影响最大的是 a_p，其次是 f。实践证明，a_p 增大一倍，切削力增加一倍；f 增大一倍，切削力只增加 70% ~ 80%。原因是 a_p 增大时，变形系数不变，切削力按正比关系增大；而 f 增大时，由于变形系数会减小，因此切削力不按正比关系增大。所以从切削力和能量消耗的观点来看，用大的 f 切削比用大的 a_p 切削更为有利。

切削速度 v_c 对切削力的影响主要是通过 v_c 对积屑瘤的影响而产生的。在积屑瘤区，由于产生积屑瘤现象，影响刀具实际前角大小，从而影响变形，影响切削力变化。在无积屑瘤生成的低速和高速条件下，v_c 对切削力无大影响。切削脆性金属材料时，v_c 增加，切削力略有减少。

（3）刀具角度的影响　γ_o 增大，切削刃锋利，切削变形小，同时摩擦减小，切削力减小。α_o 增大，刀具后刀面与工件之间的摩擦减小，切削力减小；改变 κ_r 的大小，可以改变 F_f 和 F_p 的比例。当加工细长工件时增大 κ_r 可减小 F_p，从而避免工件的弯曲变形；刃倾角 λ_s 改变时，将使切削合力的方向发生变化，因而改变各分力的大小。λ_s 减小时，F_p 增大，F_f 减小，对 F_c 的影响不大，λ_s 在 $10° \sim -45°$ 之间变化时，F_c 基本不变。

（4）其他因素的影响　切削加工中，合理使用切削液对减小切削力有十分明显的效果。切削液的润滑作用，可以改善刀-屑-工件之间的摩擦状况，因而可以减小切削变形，降低切削力。

刀具磨损后，切削刃变钝，后刀面上的摩擦也加剧，故切削力增大。刀具逐渐磨损达到一定程度后，切削力会急剧增加，因此要及时刃磨或更换刀具。

刀具材料对切削力也有一定的影响，选择与工件材料摩擦因数小的刀具材料，切削力会不同程度地减小。

2.1.4　切削热和切削温度

1. 切削热的产生和传导

切削热是切削过程中的重要物理现象之一。切削时所消耗的能量，除了 $1\% \sim 2\%$ 用以形成新表面和以晶格扭曲等形式形成潜藏能外，有 $98\% \sim 99\%$ 转换为热能，因此可以近似地认为切削时所消耗的能量全部转换为热。大量的切削热使得切削温度升高，这将直接影响刀具前刀面上的摩擦因数、积屑瘤的形成和消退、刀具的磨耗以及工件材料的性能、工件加工精度和已加工表面质量等，所以对切削热和切削温度的研究有着重要意义。

（1）切削热的来源　被切削的金属在刀具的作用下，发生弹性和塑性变形而耗功，这是切削热的一个重要来源。此外，切屑与前刀面、工件与后刀面之间的摩擦也要耗功，也产生出大量的热量。因此，切削时共有三个发热区域，即剪切面、切屑与前刀面接触区、后刀面与过渡表面接触区，如图 2-8a 所示，三个发热区与三个变形区相对应。所以，切削热的来源就是切屑变形功和前、后刀面的摩擦功。

切削塑性材料时，变形和摩擦都比较大，所以发热较多。切削速度提高时，因切屑的变形减小，所以塑性变形产生的热量百分比降低，而摩擦产生热量的百分比增高。切削脆性材料时，后刀面上摩擦产生的热量在切削热中所占的百分比增大。

（2）切削热的传导　切削区域的热量被切屑、工件、刀具和周围介质传导出去，如图 2-8b 所示。

工件材料的导热性能是影响热量传导的重要因素。工件材料的热导率越低，通过工件和切屑传导出去的切削热量越少，这就必然会使通过刀具传导出去的热量增加。例如，切削航空工业中常用的钛合金时，因为它的热导率只有碳素钢的 $1/3 \sim 1/4$，切削产生的热量不易传出，切削温度因而随之升高，刀具就容易磨损。

切屑与刀具接触时间的长短，也影响刀具的切削温度。外圆车削时，切屑形成后迅速脱

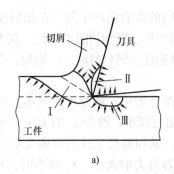 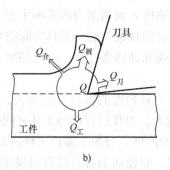

a) b)

图 2-8 切削热的产生与传导

a) 切削热的来源 b) 切削热的传散

离车刀而落入机床的容屑盘中，故切屑的热量传给刀具不多。钻削或其他半封闭式容屑的切削加工，切屑形成后仍与刀具及工件相接触，切屑将所带的切削热再次传给工件和刀具，使切削温度升高。

切削热由切屑、刀具、工件及周围介质传出的比例，见表 2-1。

表 2-1 切削热的传散比例

散热比例 加工方法	$Q_屑$	$Q_工$	$Q_刀$	$Q_介$
车削	50% ~86%	40% ~10%	9% ~3%	1%
钻削	28%	52.5%	14.5%	5%

传入刀具中的热量使刀具工作温度升高，一方面引起刀具的热磨损，同时又会影响工件的加工尺寸。传入工件中的热量，使工件产生热变形，产生形状误差和尺寸误差，影响加工精度。

2. 影响切削温度的主要因素

切削区（切屑与前刀面接触区）的平均温度称为切削温度。根据理论分析和大量的试验研究得知，切削温度主要受切削用量、刀具几何参数、工件材料、刀具磨损和切削液的影响，分析各因素对切削温度的影响，主要应从这些因素对单位时间内产生的热量和传出的热量的影响入手。如果产生的热量大于传出的热量，则这些因素将使切削温度增高；某些因素使传出的热量增大，则这些因素将使切削温度降低。以下对这几个主要因素加以分析。

（1）切削用量的影响 在切削用量三要素中，切削速度 v_c 对切削温度影响最大，随切削速度的提高，摩擦热增加，又来不及传出，产生热积聚现象，使切削温度迅速上升。进给量 f 对切削温度的影响次之，这是因为进给量 f 增加时，单位时间切削体积增加，切削温度升高；另一方面进给量 f 增加时 h_D 增加，变形减少，而切屑容量增大由切屑带走的热量增加，所以切削区温度上升不显著。而背吃刀量 a_p 变化时，散热面积和产生的热量也作相应变化，故 a_p 对切削温度的影响最小。

（2）刀具几何参数的影响 切削温度随前角 γ_o 的增大而降低。这是因为前角增大时，单位切削力下降，使产生的切削热减少的缘故。但前角大于 $18° ~20°$ 后，对切削温度的影响减小，这是因为楔角变小而使散热体积减小的缘故。

主偏角 κ_r 减小时，使切削宽度 b_D 增大，切削厚度 h_D 减小，故切削温度下降。

（3）工件材料的影响 工件材料对切削温度的影响取决于其强度、硬度和导热性等。合金钢强度高，比普通钢消耗功率大，而且热导率小，散热性差，故切削温度高。切削脆性材料时由于形成崩碎切屑，变形与摩擦都小，故切削温度低。

（4）刀具磨损的影响 刀具磨损比较严重时，刀具刃口变钝，切屑变形增大，同时后刀面与工件之间摩擦增大，两者均使切削热增加，切削温度升高。刀具磨损是影响切削温度的主要因素。

（5）切削液的影响 切削液对切削温度的影响，与切削液的导热性能、比热容、流量、浇注方式以及本身的温度有很大的关系。从导热性能来看，油类切削液不如乳化液，乳化液不如水基切削液。如果用乳化液来代替油类切削液，加工生产率可提高 50% ~ 100%。

2.2 机械（零件）加工质量

产品质量与零件质量、装配质量有很大关系，而零件质量则与材料性质、零件表面层组织状态和零件加工质量等因素有关。

零件加工质量包括加工精度和表面质量两大方面。机械零件的加工质量直接影响机械产品的使用性能和寿命，它是保证机械产品质量的基础。

2.2.1 零件的加工精度

加工精度是指加工后的零件在尺寸、形状和表面相互位置三个方面的实际几何参数与理想几何参数的符合程度。

任何加工方法都不可能把零件加工得绝对准确，在形状、尺寸和表面相互位置三方面，总是存在着一定的加工误差。加工误差越小，加工精度就越高。在满足产品性能要求的前提下，零件的加工精度要求应尽可能降低，以便提高机械加工的生产率和经济性。

零件加工精度的三个方面是既有区别，又有联系的。没有一定的形状精度，也就谈不上尺寸和位置精度。例如，不圆的表面就没有确定的直径，不平的表面之间就不能测量出准确的平行度或垂直度。一般来说，当尺寸精度要求高时，相应的位置精度和形状精度也要求高，且形状精度应高于尺寸精度，而位置精度也应高于尺寸精度。对于一般机械加工方法，形状误差约占尺寸误差的 30% ~ 50% 以下。如果形状误差所占比值过大，势必要减小实际允许的尺寸误差，加大零件的加工难度，同时也增加成本。因此，设计时应使形状精度、位置精度与尺寸精度相适应。

1. 加工精度

（1）尺寸精度 尺寸精度指的是零件的直径、长度、表面间距离等尺寸的实际数值与理想数值的接近程度。尺寸精度是用尺寸公差来控制的。尺寸公差是切削加工中零件尺寸允许的变动量。在公称尺寸相同的情况下，尺寸公差越小，则尺寸精度越高。GB/T 1800.1—2009 规定标准公差等级用符号 IT 和数字表示，分为 IT01、IT0、IT1、IT2 ~ IT18，共 20 级。其中 IT01 的公差最小，尺寸精度最高。切削加工所获得的尺寸精度一般与所使用的设备、刀具和切削条件等密切相关。尺寸精度越高，零件的工艺过程越复杂，加工成本也越高。

（2）几何精度 根据 GB/T 1182—2008 的规定，几何公差的特征项目分为形状公差、方向公差、位置公差和跳动公差四大类，见表2-2。其中，形状公差特征项目有6个，它们没有基准要求；方向公差特征项目有5个，位置公差特征项目有6个，跳动公差特征项目有2个。

表2-2　几何公差特征符号

公差类型	几何特征	符号	有无基准	公差类型	几何特征	符号	有无基准
形状公差	直线度	—	无	位置公差	位置度	⊕	有或无
	平面度	▱	无		同心度（用于中心点）	◎	有
	圆度	○	无		同轴度（用于轴线）	◎	有
	圆柱度	⌀	无				
	线轮廓度	⌒	无		对称度	=	有
	面轮廓度	⌓	无				
方向公差	平行度	//	有		线轮廓度	⌒	有
	垂直度	⊥	有		面轮廓度	⌓	有
	倾斜度	∠	有	跳动公差	圆跳动	↗	有
	线轮廓度	⌒	有		全跳动	↗↗	有
	面轮廓度	⌓	有				

几何精度的高低是用公差等级数字的大小来表示的。根据 GB/T 1184—1996，圆度、圆柱度的公差等级分别规定了 13 个精度等级，它们分别用阿拉伯数字 0、1、2、…、12 表示，其中 0 级最高，12 级最低。直线度、平面度、平行度、垂直度、倾斜度、同轴度、对称度、圆跳动和全跳动 9 个特征项目的公差等级分别规定 12 个精度等级，它们分别用阿拉伯数字 1、2、…、12 表示，其中 1 级最高，12 级最低。

2. 加工精度的获得方法

（1）尺寸精度的获得方法

1）试切法。先试切出很小一部分加工表面，测量所得尺寸，按照加工要求适当调整刀具切削刃相对工件加工表面的位置，试切、测量，当被加工尺寸达到要求后，再切削整个待加工表面。当加工下一个工件时，则要重复上述步骤。

采用试切法获得工件尺寸时，由于需要多次试切、测量和调整刀具位置，所以生产率较低，而且加工精度在很大程度上取决于操作人员的技术水平，特别是在测量技术方面。因此该方法适用于单件、小批生产。

2）调整法。在加工一批工件前，先按试切好的工件尺寸、标准件或对刀块等调整确定刀具相对工件定位基准的准确位置，并在保证此准确位置不变的条件下，对一批工件进行加工。

调整法较试切法具有更高的生产率，且加工尺寸稳定，但调整工作费时。

3）定尺寸刀具法。被加工零件的尺寸精度，取决于切削刃的形状精度与刀具的装夹精度。如用钻头、扩孔钻、铰刀、拉刀加工内孔，以及用组合铣刀铣工件两侧面和沟槽等，均属于定尺寸刀具法加工。该方法所获得的尺寸、形状精度与刀具本身制造精度关系很大。

定尺寸刀具法操作简便，生产率高，加工精度也较稳定，可适用于各种生产类型。

（2）形状精度的获得方法　在机械加工中，工件的表面形状主要是依靠切削刀具和工件作相对的成形运动来获得的。具体来说是依靠刀尖的运动轨迹来获得所要求的表面几何形状的。

1）成形运动法。该方法所能达到的形状精度，主要取决于成形运动的精度。如工件的回转和车刀的直线运动车削圆锥面；用刨刀的直线运动和工件垂直于它作直线运动加工平面等。成形运动和主运动在概念上是不同的。成形运动可以是主运动，也可以是非主运动。例如车削时工件的回转，既是成形运动，也是主运动；而在磨削时，工件回转就不是主运动。

2）成形刀具法。为了提高生产率、简化机床，常采用成形刀具来代替通用刀具。此时，机床的某些成形运动被成形刀具的切削刃几何形状所代替。如用成形车刀加工成形表面。

（3）位置精度的获得方法

1）一次装夹获得法。零件有关表面间的位置精度是工件在同一次装夹中，由刀具相对工件成形运动之间的位置关系来保证的。如轴类零件外圆与端面的垂直度，箱体孔系加工中各孔之间的同轴度、平行度和垂直度等，均可采用一次装夹法获得。工件的位置精度主要由机床精度来保证。

2）多次装夹获得法。零件有关表面间的位置精度是由刀具相对工件的成形运动与工件定位基准面（亦是工件在前几次装夹时的加工面）之间的位置关系来保证的。工件位置精度主要由找正精度、夹具制造及安装精度和工件的安装精度来保证。

3. 影响加工精度的因素

零件的尺寸、几何形状和表面间相互位置的形成，取决于工件和刀具在切削运动过程中的相互位置关系，对加工精度的影响来源于两个方面。一方面是由机床、夹具、刀具和工件构成的工艺系统本身的误差（即原始误差），在不同的具体条件下，以不同的程度和方式反映为加工误差。另一方面是加工过程中出现的载荷和各种干扰，包括受力变形、热变形、振动、磨损等。这两方面的因素均使工艺系统偏离其理想状态，而造成加工误差。

4. 加工经济精度

一般所说的加工经济精度，指的是在正常加工条件下（采用符合质量标准的设备、工艺装备和标准技术等级的工人，不延长加工时间）所能保证的加工精度。

同一种加工方法在不同的工作条件下所能达到的精度是不同的。任何一种加工方法，只要精心操作，细心调整，并选用合适的切削参数进行加工，都能使加工精度得到较大的提高，但这样做会降低生产率，增加加工成本。

加工成本和加工误差的关系如图2-9所示。加工误

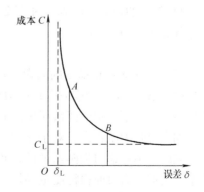

图 2-9　加工成本和加工误差的关系

差 δ 与加工成本 C 成反比关系。用同一种加工方法，如欲获得较高的精度（即加工误差较小），成本就要提高；反之亦然。但它只是在一定范围内才比较明显，如图 2-9 所示的 AB 段。而且点 A 左侧的曲线几乎与纵坐标平行，但精度提高得却很少乃至不能提高。相反 B 点右侧曲线几乎与横坐标平行，它表明采用某种加工方法去加工工件时，即使工件精度要求很低，加工成本也并不因此无限度地降低，仍需耗费一定的最低成本。因此加工经济精度应理解为一个范围（见图 2-9 中的 AB 段），在这个范围内都可说是经济的。

2.2.2 表面质量

表面质量是指机器零件在加工后的表面层状态。一台机器在正常使用过程中，大多数是由于磨损、受外界介质的腐蚀或疲劳破坏。磨损、腐蚀和疲劳破坏都是发生在零件的表面，或是从零件表面开始的。因此，表面质量将直接影响零件的工作性能，尤其是它的可靠性和寿命。

表面质量包括两个方面：加工表面的几何形状特征和表面层的物理、力学性能的变化。

1. 加工表面的几何形状特征——表面粗糙度

（1）表面粗糙度　表面粗糙度是加工表面的微观几何形状误差，其波长与波高比值一般小于 50。在切削加工中，由于刀痕、振动以及刀具和工件之间的摩擦，在工件的已加工表面上不可避免地要产生一些微小的峰谷。表面上微小峰谷的高低程度称为表面粗糙度。即使是光滑的磨削表面，放大后也会发现具有高低不平的微小峰谷。

GB/T 1031—2009 规定了表面粗糙度的评定参数和评定参数及其数值。常用评定参数是轮廓的算术平均偏差 Ra 和轮廓的最大高度 Rz。

1）轮廓的算术平均偏差 Ra。如图 2-10 所示，在一个取样长度内，纵坐标绝对值的算术平均值，即

$$Ra = \frac{1}{lr} \int_0^{lr} |Z(x)| \, \mathrm{d}x$$

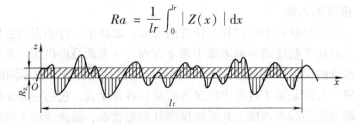

图 2-10　轮廓的算术平均偏差

2）轮廓的最大高度 Rz。如图 2-11 所示，在一个取样长度内，最大轮廓峰高 Zp 和最大轮廓谷深 Zv 之和，即

$$Rz = Zp + Zv$$

（2）影响表面粗糙度的因素　影响表面粗糙度的主要因素有几何因素和物理因素等。

1）几何因素。切削时受切削刃形状和进给量的影响，不可能把余量沿背吃刀量方向完全切除，会留下一定的残留面积，即表面粗糙度。

如果背吃刀量较大，对于车削、刨削来说，表面粗糙度的形成主要是切削刃的直线部分，此时可不考虑刀尖圆弧半径 r_g 的影响，如图 2-12a 所示。若加工时背吃刀量和进给量均较小，则加工后表面粗糙度主要是由刀尖的圆弧部分构成，如图 2-12b 所示。因此，进给量 f 和刀尖圆弧半径 r_g 对切削加工表面粗糙度的影响比较明显。

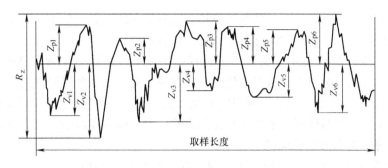

图 2-11　轮廓的最大高度

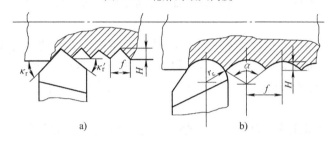

图 2-12　车削、刨削时残留面积高度

2）物理因素。加工后表面粗糙度还与切削过程中的塑性变形等有关。

①　工件材料性能的影响。一般来说，塑性材料的韧性越大，则加工表面粗糙度值越大。

②　切削用量的影响。切削速度 v_c 对表面粗糙度的影响很大。图 2-13 所示为加工塑性材料时切削速度对表面粗糙度的影响。加工脆性材料时，切削速度对表面粗糙度的影响不大。

③　刀具材料。在条件相同的情况下，用硬度合金刀具加工时，其表面粗糙度比用高速钢刀具时小。用金刚石车刀可加工出更为光洁的表面。

④　刀具角度的影响。前角增大时，塑性变形程度减小，表面粗糙度变小。主、副偏角减小，残留面积高度变小。另外后角及刃倾角对表面粗糙度都有一定影响。

（3）加工成本和表面粗糙度的关系　加工成本和表面粗糙度的关系如图 2-14 所示。

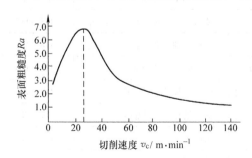

图 2-13　加工塑性材料时切削速度
对表面粗糙度的影响

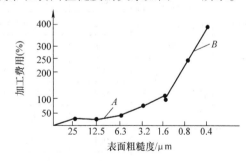

图 2-14　加工成本和表面粗糙度的关系

2. 表面层物理、力学性能

（1）表面层的冷作硬化　机械加工过程中表面层金属产生强烈的塑性变形，使晶格扭曲、畸变，晶粒间产生剪切滑移，晶粒被拉长，这些都会使表面层金属的硬度增加，塑性减小，统称为冷作硬化，硬化层的深度可达 $0.05 \sim 0.30$mm。

（2）表面层金相组织变化 机械加工过程中，在工件的加工区域，温度会急剧升高，当温度升高到超过工件材料金相组织变化的临界点时，就会发生金相组织变化。

（3）表面层残余应力 切削（或磨削）加工过程中由于切削变形和切削热等的影响，工件表面层的金属与其基体间产生相互平衡的弹性应力，称为表面层的残余应力。

3. 表面质量对零件使用性能的影响

（1）表面质量对耐磨性的影响 表面越粗糙，有效接触面积越小，零件表面的初期磨越快，表面粗糙度值越小，其耐磨性越好。加工表面的冷作硬化，一般都能使耐磨性有所提高。

（2）表面质量对耐疲劳性的影响 表面粗糙度值越小，表面缺陷越少，工件耐疲劳性越好；反之，加工表面越粗糙，表面的纹痕越深，纹底半径越小，其抵抗疲劳破坏的能力越差。表面层的残余压应力可以提高零件的疲劳强度；残余拉应力则使已加工表面容易产生裂纹而降低疲劳强度。

（3）表面质量对耐蚀性的影响 零件会发生化学腐蚀或电化学腐蚀。减小表面粗糙度值可以提高零件的耐蚀性，表面残余应力一般都会降低零件的耐蚀性。

（4）表面质量对零件配合质量的影响 如果加工表面太粗糙，必然要影响配合的稳定性。因此对于精度高的配合组件，必须提高相应的要求。

各种切削加工方法所能达到的加工精度和表面粗糙度见表 2-3。

表 2-3 各种切削加工方法所能达到的加工精度和表面粗糙度

表面要求	加工方法	表面粗糙度 $Ra/\mu m$	表面特征	应用举例	精度
不加工			清除毛刺	铸、锻件的不加工表面	IT16 ~ IT14
粗加工	粗车、粗铣、粗刨、钻、粗锉	50	有明显可见刀纹	静止配合面、底板、垫块	IT13 ~ IT10
		25	可见刀纹	静止配合面、螺钉不结合面	IT10
		12.5	微见刀纹	螺母不结合面	IT10 ~ IT8
半精加工	半精车、精车、精铣、精刨、精磨	6.3	可见加工痕迹	轴、套不结合面	IT10 ~ IT8
		3.2	微见加工痕迹	要求较高的轴、套不结合面	IT8 ~ IT7
		1.6	不见加工痕迹	一般的轴、套结合面	IT8 ~ IT7
精加工	精车、精刨、精铣、磨、铰、刮	0.8	可辨加工痕迹的方向	要求较高的结合面	IT8 ~ IT6
		0.4	微辨加工痕迹的方向	凸轮轴轴颈，轴承内孔	IT7 ~ IT6
		0.2	不辨加工痕迹的方向	活塞销孔、高速轴颈	IT7 ~ IT6
超精加工	精磨、研磨、镜面磨、超精加工	0.1	暗光泽面	滑阀工作面	IT7 ~ IT5
		0.05	亮光泽面	精密机床主轴轴颈	IT6 ~ IT5
		0.025	镜状光泽面	量规	IT6 ~ IT5
		0.012	雾状光泽面	量规	
		0.008	镜面	块规	

2.3　切削用量的选择

切削用量不仅是在机床调整前必须确定的重要参数，而且其数值合理与否对加工质量、加工效率、生产成本等都有着非常重要的影响。合理地选择切削用量是充分利用刀具切削性能和机床动力性能（功率、转矩），在保证质量的前提下，获得高的生产率和低的加工成本的切削用量。

2.3.1　选择切削用量应考虑的因素

1. 切削加工生产率

在切削加工中，金属切除率与切削用量三要素均保持线性关系，即其中任一参数增大一倍，都可使生产率提高一倍。然而由于刀具寿命的制约，当任一参数增大时，其他两个参数必须减小。因此，在选择切削用量时，切削用量三要素要获得最佳组合，此时的高生产率才是合理的。

2. 刀具寿命

切削用量三要素对刀具寿命影响的大小，按顺序为 v_c、f、a_p。因此，从保证合理的刀具寿命出发，在确定切削用量时，首先应采用尽可能大的背吃刀量，然后再选用大的进给量，最后求出切削速度（也可从有关手册的表中查出）。

上述原则是仅对粗加工而言，因为粗加工时进给量增大对加工表面粗糙度所产生的影响可以忽略不计。

3. 加工表面粗糙度

精加工时，增大进给量将增大加工表面粗糙度值。因此，它是精加工限制生产率提高的主要因素。

2.3.2　切削用量的选择原则

合理选用切削用量，对提高生产率，保证加工质量和适当的刀具寿命等有重要的意义。因此，应根据粗、精加工的不同要求来合理选择切削用量。

1. 粗加工时的选择

粗加工时要尽可能达到较高的生产率，同时又要保证必要的刀具寿命。选择切削用量的思路是，在保证刀具寿命不变的前提下，使 v_c、f、a_p 的乘积尽可能大些。因此，应当优先采用大的背吃刀量 a_p，其次取较大的进给量 f，最后再根据刀具寿命确定合适的切削速度 v_c。

确定背吃刀量 a_p 时，应尽可能一次进给就把留给粗加工的加工余量一次切除，以减少进给次数。若粗加工余量太大、无法一次切除时，可采用几次进给，通常第一次进给切除粗加工总余量的 80% 左右。一般来说，机床电动机功率大、机床和工件的刚性好时，a_p 可选大些，反之 a_p 应选小一些。

确定进给量 f 时，应考虑机床的有效功率、机床进给机构传动链的强度及工件的表面粗糙度要求。进给量对进给力 F_f 的影响较大。因此，进给力 F_f 应小于机床说明书上规定的最大允许值。

最后根据刀具寿命要求，针对不同的刀具材料和工件材料，计算或参考手册选用合适的切削速度 v_c。

粗车中小工件时，一般情况下，切削用量的大致范围为：背吃刀量 $a_p \approx 2 \sim 4mm$，进给量 $f \approx 0.15 \sim 0.4mm/r$。用硬质合金刀具加工中碳钢（正火或退火）时，切削速度 $v_c \approx 1.67m/s$，这时的刀具寿命 $T = 60 \sim 90min$。

2. 精加工时的选择

精加工时首先应保证获得要求的加工精度和表面粗糙度，同时也要考虑必要的刀具寿命和生产率。通常采用较小的背吃刀量 a_p 和进给量 f，为了避免或减少积屑瘤，硬质合金刀具一般多采用较高的切削速度；高速钢刀具则采用较低的切削速度。当然，选择切削速度时，应避开工艺系统的振动区，以防止因振动而影响加工精度和表面粗糙度。

一般情况下，精车时切削用量的大致范围为：在高速精车时，背吃刀量 a_p 为 $0.3 \sim 0.5mm$，低速光整加工时，背吃刀量 a_p 为 $0.05 \sim 0.1mm$，进给量 f 为 $0.05 \sim 0.2mm/r$；用硬质合金车刀精车中碳钢时，切削速度 v_c 为 $1.7 \sim 3.34m/s$；车铸铁时，切削速度 v_c 为 $1 \sim 1.7m/s$；用高速钢宽刃精车刀精车中碳钢时，切削速度 v_c 为 $0.05 \sim 0.084m/s$。

3. 切削用量选择举例

已知条件：工件材料 45 钢（热轧），抗拉强度为 0.637GPa。毛坯尺寸 $d_w \times l_w = \phi 50mm \times 350mm$，用自定心卡盘装夹，如图 2-15 所示。加工要求：车外圆至 $\phi 44mm$，表面粗糙度为 $Ra = 3.2\mu m$，加工长度 $l_m = 300mm$。机床为 CA6140 型卧式车床，刀具为焊接式硬质合金外圆车刀，刀片材料为 P20，刀杆截面尺寸为 $16mm \times 25mm$。刀具几何参数：$\gamma_o = 15°$，$\alpha_o = 8°$，$\kappa_r = 75°$，$\kappa_r' = 10°$，$\lambda_s = 6°$，$r_\varepsilon = 1mm$（r_ε 为刀尖圆弧半径）。试确定车削外圆时的切削用量。

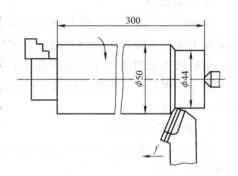

图 2-15　外圆车削尺寸图

解 因表面粗糙度有一定要求，故应分粗车和半精车两道工步加工。

（1）粗车工步

1）确定背吃刀量 a_p。单边加工余量为 3mm，粗车取 $a_{p1} = 2.5mm$，半精车取 $a_{p2} = 0.5mm$。

2）确定进给量 f。根据工件材料、刀杆截面尺寸、工件直径及背吃刀量，查相关手册得 $f = 0.4 \sim 0.5mm/r$。按机床说明书中实有的进给量，取 $f = 0.5mm/r$。

3）确定切削速度 v_c。根据已知条件和已确定的 a_p 和 f 值，切削速度也可从相关手册查出，得 $v_c = 90m/min$，然后求出机床主轴转速为

$$n = \frac{1000v_c}{\pi d_w} = \frac{1000 \times 90}{3.14 \times 50} r/min = 573r/min$$

根据机床说明书选取实际的机床主轴转速为 560r/min，故实际的切削速度为

$$v_c = \frac{\pi d_w n}{1000} = \frac{3.14 \times 50 \times 560}{1000} m/min = 87.9m/min$$

（2）半精车工步

1）确定背吃刀量。$a_p = 0.5\text{mm}$。

2）确定进给量。根据表面粗糙度 $Ra = 3.2\mu\text{m}$，按机床说明书中实有的进给量，确定 $f = 0.30\text{mm/r}$。

3）确定切削速度。根据已知条件和已确定的 a_p 和 f 值，查相关手册选用 $v_c = 130\text{m/min}$。然后计算出机床主轴转速为

$$n = \frac{1000 \times 130}{\pi\,(50-5)}\text{r/min} = 920\text{r/min}$$

按机床说明书选取机床主轴实际转速为 900r/min，故实际切削速度为

$$v_c = \frac{\pi\,(50-5)\times 900}{1000}\text{m/min} = 127.2\text{m/min}$$

因此本题的解为：粗车切削用量 $a_p = 2.5\text{mm}$，$f = 0.5\text{mm/r}$，$v_c = 87.9\text{m/min}$；半精车切削用量 $a_p = 0.5\text{mm}$，$f = 0.30\text{mm/r}$，$v_c = 127.2\text{m/min}$。

2.3.3　提高切削用量的途径

提高切削用量的途径，从切削原理的角度看，主要有以下几个方面：

1）采用切削性能更好的新型刀具材料。例如对于一些高强度、高硬度的难加工材料，若用超硬高速钢、涂层高速钢代替普通高速钢；用含有添加剂的新型硬质合金、涂层硬质合金或新型陶瓷、立方氮化硼等代替普通硬质合金，可以使切削用量大幅度提高。可见改进刀具材料的潜力是很大的。

2）在保证工件力学性能的前提下，改善工件材料加工性。如采用含硫、铅等添加剂的易切钢，或对钢材在加工前进行必要的热处理使工件的硬度适中，或对工件表面进行一些必要的预处理等，均可改善工件材料的可加工性，从而可使切削用量提高。

3）改善冷却润滑条件。采用新型性能优良的切削液和高效率的冷却、润滑方法，可以大大降低切削力和切削温度，从而改善刀具使用条件，因此也可以使刀具的切削用量提高。但是，必须指出，切削液虽然对改善切削条件有显著的作用，但同时也污染环境，不符合现代生产观念的要求，因此一些发达国家都在研究相应的措施以取消切削液实现干切。

4）改进刀具结构，提高刀具制造质量。例如采用可转位硬质合金刀片的车刀比焊接式硬质合金车刀可提高切削速度 $15\% \sim 30\%$。采用金刚石砂轮代替碳化硅砂轮刃磨硬质合金刀具，刃磨后不会出现裂纹和烧伤，刀具寿命可提高 $50\% \sim 100\%$。刀具几何参数的合理选择，更是具有很大的潜力。

2.4　材料的切削加工性

材料的切削加工性是指在一定的切削条件下，工件材料切削加工的难易程度。切削加工性的概念是相对的，如低碳钢，从切削力和切削功率方面来衡量，则加工性好；如果从已加工表面粗糙度方面来衡量，则加工性不好。

2.4.1　衡量切削加工性的指标

切削过程的要求不同，切削加工性的衡量指标也不同。

1. 刀具寿命 T 或一定刀具寿命下允许的切削速度 v_T

在相同的切削条件下加工不同材料时，在一定的切削速度下，刀具寿命 T 越大或一定刀具寿命下所允许的切削速度 v_T 越高，切削加工性越好；反之，加工性越差。

在一定刀具寿命下，某种材料允许的切削速度 v_T 是最常用的衡量加工性的指标。通常以抗拉强度为 0.735GPa 的状态下，45 钢的刀具寿命 $T = 60\text{min}$ 允许的切削速度 v_{60} 为基准，写作 $(v_{60})_j$，而把其他材料的 v_{60} 与之相比，比值 K_r 即为这种材料的相对加工性，即

$$K_r = v_{60} / (v_{60})_j$$

$K_r > 1$，表明其加工性比 45 钢好；$K_r < 1$，表明其加工性比 45 钢差。常用材料的相对加工性分级见表 2-4。

表 2-4　常用材料的相对加工性分级

加工性等级	名称及种类		相对加工性 K_r	代表性材料
1	较易切削的材料	一般有色金属	>3.0	5-5-5 铜铅合金、9-4 铝铜合金、铝镁合金
2	容易切削的材料	易切削钢	2.5 ~ 3.0	15Cr 退火（抗拉强度为 380 ~ 450MPa）、自动机钢（抗拉强度为 400 ~ 500MPa）
3		较易切削钢	1.6 ~ 2.5	30 钢正火（抗拉强度为 450 ~ 560MPa）
4	普通材料	一般钢及铸铁	1.0 ~ 1.6	45 钢、灰铸铁
5		稍难切削的材料	0.65 ~ 1.0	20Cr13 调质（抗拉强度为 850MPa）、85 钢（抗拉强度为 900MPa）
6	难切削的材料	较难切削的材料	0.5 ~ 0.65	45Cr 调质（抗拉强度为 1050MPa）、65Mn 调质（抗拉强度为 950 ~ 1000MPa）
7		难切削的材料	0.15 ~ 0.5	50CrV 调质，12Cr18Ni9Ti，某些钛合金
8		很难切削的材料	<0.15	某些钛合金，铸造镍基高温合金

2. 已加工表面质量

如果切削加工时容易获得好的表面质量，材料的切削加工性就好；反之，则差。精加工时常以此作为衡量加工性的指标。

3. 切削力或切削功率

在相同切削条件下加工不同材料时，切削力或切削功率越大，切削温度越高，则材料的切削加工性越差；反之，切削加工性越好。在粗加工或机床的刚性、动力不足时，可采用切削力或切削功率作为衡量切削加工性的指标。

4. 切屑的处理性能

切削加工时切屑的处理性能（指切屑的卷曲、折断和清理等）越好，则材料的加工性越好；反之，加工性越差。数控机床、组合机床或自动生产线加工时，常以此作为衡量切削加工性的指标。

2.4.2　改善切削加工性的途径

　　1）用热处理方法来改善切削加工性。如高碳钢和工具钢的硬度偏高，且有较多的网状、片状的渗碳体组织，较难加工。但经过球化退火，可以降低它的硬度，并得到球状的渗碳体，改善切削加工性。热轧中碳钢，组织不均匀，有时表面有硬皮。但经过正火可使其组织与硬度均匀，改善切削加工性。有时中碳钢也可在退火后加工。低碳钢的塑性太大，经过正火适当提高硬度，降低塑性，可提高精加工的表面质量。马氏体不锈钢通常要进行调质处理，降低塑性，使其变得较易加工。铸铁工件，一般在切削加工前要进行退火，以降低表层硬度，消除内应力，以改善其切削加工性。

　　2）通过调整材料的化学成分来改善其切削加工性。在钢中适当加入硫、铅等元素，成为"易切钢"，可提高刀具寿命，减小切削力，而且使加工表面质量好。

复习思考题

　　1. 切削塑性金属材料时，切屑可分为哪几种类型？几种切屑的形成条件是什么？

　　2. 切削过程的三个变形及其特点是什么？

　　3. 分析积屑瘤产生的原因和对加工的影响。生产中控制积屑瘤的方法有哪些？

　　4. 切削力可分解为哪几个分力？试说明切削分力的作用？

　　5. 切削热是如何产生和传出的？

　　6. 背吃刀量和进给量对切削力和切削温度的影响是否一样？为什么？

　　7. 尺寸精度和几何精度获得的方法有哪些？

　　8. 选择切削用量的原则是什么？从刀具寿命出发，应按什么顺序选择切削用量？

　　9. 精加工时切削用量的选择原则和选择方法有哪些？

　　10. 工件材料切削加工性的衡量指标有哪些？如何应用？

　　11. 如何改善工件材料的切削加工性？

第3章 切削加工方法综述

本章主要介绍车削、钻削、镗削、刨削、铣削和磨削等各种切削加工方法，并介绍了螺纹加工和齿轮加工。在学习切削加工方法综述时，要着重掌握各种切削加方法的工艺特点和应用范围，以及各种形状零件应采用哪种切削加工方法。本章实践性比较强，必要时要配合使用工程训练实习教材，复习其中有关内容。

3.1 车削加工

工件旋转作主运动、车刀作进给运动的切削加工方法称为车削加工。车削加工可以在卧式车床、立式车床、转塔车床、仿形车床、自动车床、数控车床以及各种专用车床上进行，主要用来加工各种回转表面，即外圆（含外回转槽）、内圆（含内回转槽）、平面（含台肩端面）、锥面、螺纹和滚花面等。根据所选用的车刀角度和切削用量的不同，车削可分为粗车、半精车和精车。粗车的尺寸公差等级为IT12～IT11，表面粗糙度 Ra 值为25～12.5μm；半精车为IT10～IT9，Ra 值为6.3～3.2μm；精车为IT8～IT7（外圆可达IT6），Ra 值为1.6～0.8μm（精车有色金属可达0.8～0.4μm）。

3.1.1 车削方法

1. 车外圆

车外圆是最常见、最基本的车削方法。各种车刀车削中小型零件外圆（包括车外圆面上的回转槽）的方法，如图3-1所示。左偏刀主要用于加工从左向右进给车削右边有直角轴肩的外圆以及右偏刀无法车削的外圆。

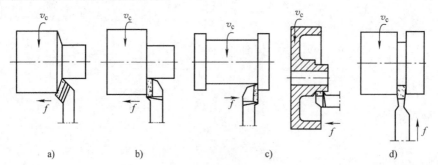

图3-1 车外圆的方法

a) 45°弯头刀车外圆 b) 右偏刀车外圆 c) 左偏刀车外圆 d) 车外槽

2. 车孔

车孔是用车削方法扩大工件上的孔或加工空心工件的内表面，是常用的车削加工方法之一。常见的车孔方法如图3-2所示。车不通孔和台阶孔时，车刀先纵向进给，当车到孔的根部时，再横向从外向中心进给车端面或台阶端面。

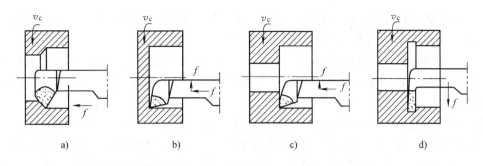

图 3-2　常用的车孔方法

a）车通孔　b）车不通孔　c）车台阶孔　d）车内槽

3. 车平面

车平面主要是指车端面（包括台肩端面），常见的方法如图 3-3 所示。其中图 3-3a 所示是用弯头刀车平面，可采用较大背吃刀量，切削顺利，表面光洁，大、小平面均可车削；图 3-3b 所示是 90°右偏刀从外向中心进给车平面，适宜车削尺寸较小的平面或一般的台肩端面；图 3-3c 所示是 90°右偏刀从中心向外进给车平面，适宜车削中心带孔的端面或一般的台肩端面；图 3-3d 所示是左偏刀车平面，刀头强度较好，适宜车削较大平面，尤其是铸锻件的大平面。

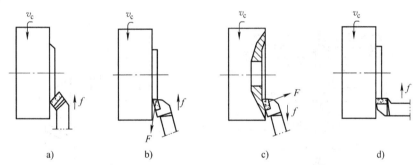

图 3-3　车平面的方法

a）弯头刀车平面　b）右偏刀车平面（从外向中心进给）　c）右偏刀车平面（从中心向外进给）

d）左偏刀车平面

4. 车锥面

锥面可以看做是内、外圆的一种特殊形式。内外锥面具有配合紧密，拆卸方便，多次拆卸后仍能保持准确对中的特点，广泛用于要求对中准确和需要经常拆卸的配合件上。常用的标准圆锥有莫氏圆锥、米制圆锥和专用圆锥三种。

（1）莫氏圆锥　莫氏圆锥分成 0、1、2、…、6 共 7 个号，0 号尺寸最小（大端直径 9.045mm），6 号最大（大端直径 63.384mm）。其中锥角 $\alpha/2 \approx 1°30'$，且每个号均不相同（具体数值可查有关手册）。莫氏圆锥应用广泛，如车床主轴锥孔及顶尖、钻头、铰刀的锥柄等。

（2）米制圆锥　米制圆锥有 8 个号，即 4 号、6 号、80 号、100 号、120 号、140 号、160 号、200 号，其号数是指大端直径尺寸（单位为 mm），各号锥度固定不变，均为 1:20。例如 100 号，其大端直径为 100mm，锥度为 1:20。米制圆锥实际上是莫氏圆锥的补充，4

号、6 号补充莫氏圆锥 0 号以下的尺寸规格；80～200 号则补充莫氏圆锥 6 号以上的尺寸规格。因此，米制圆锥的用途与莫氏圆锥完全相同。

（3）专用圆锥　专用圆锥有 1:4，1:12，1:50，7:24 等，多用于机器零件或某些刀具的特殊部位。例如，1:50 圆锥用于圆锥定位销和锥铰刀，7:24 圆锥用于铣床主轴锥孔及铣刀杆的锥柄。

车锥面的方法有小滑板转位法、尾座偏移法、靠模法和宽刀法等，如图 3-4 所示。小滑板转位法主要用于单件小批生产，精度较低和长度较短（≤100mm）的内、外锥面；尾座偏移法用于单件或成批生产轴类零件上较长的外锥面；靠模法用于成批和大量生产中较长的内外锥面；宽刀法用于成批和大量生产较短（≤20mm）的内、外锥面。

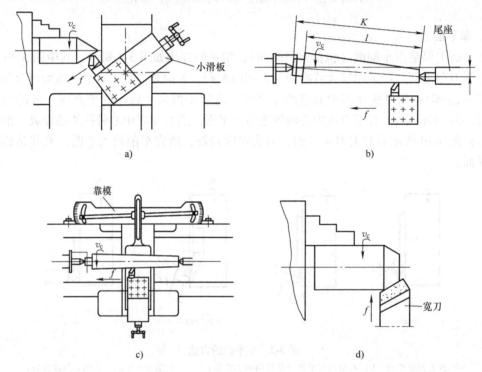

图 3-4　车锥面的方法
a）小滑板转位法　b）尾座偏移法　c）靠模法　d）宽刀法

3.1.2　车削的工艺特点及应用

（1）易于保证被加工零件各表面的位置精度　车削加工适于加工各种轴类、盘类及套类零件。一般短轴类或盘类零件利用卡盘装夹，长轴类零件可利用中心孔装夹在前、后顶尖之间，而套类零件通常安装在心轴上。当在一次装夹中，对各外圆表面进行加工时，能保证同轴度要求。调整车床的横滑板导轨与主轴回转轴线垂直时，在一次装夹中车出的端面，还能保证与轴线垂直。

（2）适于有色金属零件的精加工　有色金属若要求较高的精度和较小的表面粗糙度值时，可在车床上用金刚石车刀，采用很小的背吃刀量（$a_p < 0.15$mm）和进给量（$f \approx$ 0.1mm/r）及很高的切削速度（$v_c \approx 5$m/s），进行精细车削，尺寸公差等级可达 IT6～IT5，

表面粗糙度 Ra 值为 $0.8 \sim 0.1\mu m$。

（3）切削过程比较平稳   除了车削断续表面之外，一般情况下车削过程是连续进行的，并且切削层面积不变（不考虑毛坯余量不均匀），所以切削力变化小，切削过程平稳。又由于车削的主运动为回转运动，避免了惯性力和冲击力的影响，所以车削允许采用大的切削用量，进行高速切削或强力切削，这有利于生产效率的提高。

（4）刀具简单   车刀是各类刀具中最简单的一种，制造、刃磨和装夹均比较方便，这就便于根据加工要求，选用合理的角度，有利于提高加工质量和生产效率。

（5）加工的万能性好   车床上通常采用顶尖、自定心卡盘和单动卡盘等装夹工件。车床上还可安装一些附件来支承和装夹工件，扩大车削的工艺范围。例如，车削细长轴时，为减少工件受径向切削力的作用而产生变形，可采用跟刀架或中心架，作为辅助支承。

对单件小批量生产各种轴、盘、套类零件，常选择用途广泛的卧式车床或数控车床。对直径大而长度短（长径比 $L/D \approx 0.3 \sim 0.8$）和重型零件，多选用立式车床。成批生产外形较复杂，且有内孔及螺纹的中小型轴、套类件，可选用转塔车床进行加工。大批量生产简单形状的小型零件，可选用半自动或自动车床，以提高生产效率，但应注意这种加工方法精度较低。

3.2   孔加工

用钻头或铰刀、锪刀在工件上加工孔的方法统称为钻削加工，它可以在台式钻床、立式钻床、摇臂钻床上进行，也可以在车床、铣床、镗床等机床上进行。

3.2.1   钻孔

用钻头在实体材料上加工孔的方法称为钻孔。钻孔是最常用的孔加工方法之一。钻孔属粗加工，可达到的尺寸公差等级为 IT13 ~ IT11，表面粗糙度 Ra 值为 $25 \sim 12.5\mu m$。

1. 麻花钻

钻孔常用的刀具是麻花钻，麻花钻的直径规格为 $\phi 0.1 \sim \phi 100mm$，其中较为常用的是 $\phi 3 \sim \phi 50mm$。麻花钻的结构如图 3-5 所示，工作部分包括切削部分和导向部分。导向部分的两个对称的螺旋槽用来形成切削刃和前角，并起着排屑和输送切削液的作用。沿螺旋槽边缘的两条棱边用以减小钻头与孔壁的摩擦面积。切削部分有两个主切削刃、两个副切削刃和一个横刃，如图 3-6 所示。麻花钻横刃处有很大的负前角，主

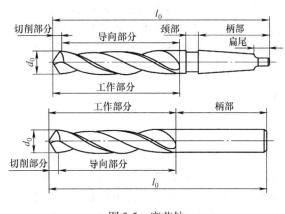

图 3-5   麻花钻

切削刃上各点的前角、后角是变化的，钻心处前角为 $-30°$，对切削加工十分不利。

2. 钻孔的工艺特点

钻孔与车削外圆相比，工作条件要困难得多。因为钻孔时，钻头工作部分大都处在已加

工表面的包围中，因而引起钻头的刚度和强度较差，容屑、排屑、导向、冷却和润滑困难等一些特殊问题。因此，其特点可概括如下：

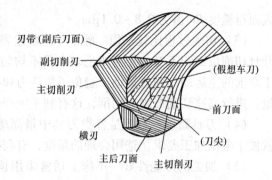

图 3-6　麻花钻的切削刃

（1）钻孔时容易产生"引偏" "引偏"是指加工时由于钻头弯曲而引起的孔径扩大、孔不圆（图 3-7a），或孔的轴线歪斜（图 3-7b）。

1）钻孔时产生"引偏"的主要原因如下：

① 麻花钻刚性较差。麻花钻直径和长度受所加工孔的限制，一般呈细长状，刚性较差；为形成切削刃和容纳切屑，必须作出两条较深的螺旋槽，致使钻心变细，进一步削弱了钻头的刚性。

② 接触刚度和导向性较差。为减少导向部分与已加工孔壁的摩擦，钻头仅有两条很窄的棱边与孔壁接触，因此，接触刚度和导向作用也很差。

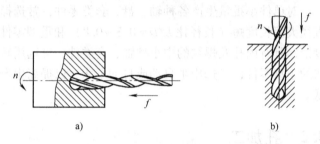

图 3-7　钻孔引偏

③ 钻头横刃处的前角具有很大的负值。由于前角为负值，切削条件极差，实际上不是在切削，而是挤刮金属，加上由钻头横刃产生的轴向力很大，稍有偏斜，将产生较大的附加力矩，使钻头弯曲。

④ 钻头的两个主切削刃不对称。钻头的两个主切削刃很难磨得完全对称，加上工件材料的不均匀性，钻孔时的径向力不可能完全抵消。

因此，在钻削力的作用下，刚性很差且导向性不好的钻头，很容易弯曲，致使钻出的孔产生"引偏"，降低了孔的加工精度，甚至造成废品。

2）在实际生产中，常常用如下措施来减少引偏：

① 预钻锥形定心坑。如图 3-8a 所示，首先用小顶角（90°～100°）、大直径短麻花钻预先钻一个锥形坑，然后再用所需的钻头钻孔。由于预钻时钻头刚性好，锥形坑不易偏，以后再用所需的钻头钻孔时，这个坑就可以起定心作用。

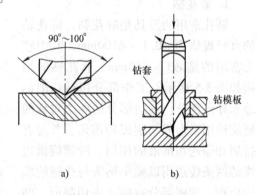

图 3-8　减少引偏的措施

② 用钻套为钻头导向。如图 3-8b 所示，钻套可以减少钻孔开始时的"引偏"，特别是在斜面或曲面上钻孔时，更为必要。

③ 尽量把钻头的两个主切削刃磨得对称一致。两个主切削刃磨得对称能使两主切削刃的径向切削力互相抵消，从而减少钻头的"引偏"。

（2）排屑困难　钻孔时，由于切屑较宽，容屑槽尺寸又受到限制，因而在排屑过程中，切屑往往与孔壁发生较大的摩擦，挤压、拉毛和刮伤已加工表面，降低表面质量。有时切屑可能阻塞在钻头的容屑槽里，卡死钻头，甚至将钻头扭断。为了改善排屑条件，钻钢料工件时，在钻头切削刃的一边上常修磨出分屑槽，如图3-9所示，将宽的切屑分成窄条，以利于排屑、断屑。当钻深孔（$L/D > 5 \sim 10$）时，应采用合适的深孔钻进行加工。

（3）切削热不易传散　由于钻削是一种半封闭式的切削，钻削时所产生的热量，虽然也由切屑、工件、刀具和周围介质传出，但它们之间的比例却和车削大不相同。如用标准麻花钻，不加切削液钻钢料时，工件吸收的热量约占52.5%，钻头约占14.5%，切屑约占28%，而介质仅占5%左右。

钻削时，大量高温切屑不能及时排出，切削液难以注入到切削区，切屑、刀具与工件之间的摩擦很大。因此，切削温度较高，致使刀具磨损加剧，这就限制了钻削用量和生产率的提高。

3. 群钻简介

为了改善麻花钻的切削性能，国内外科技工作者对麻花钻作了许多改进，国内比较著名的创新产品是群钻，如图3-9所示。群钻对麻花钻作了以下三方面的改进：

1）在麻花钻两个主切削刃上刃磨出两对称的内圆弧刃，从而加大钻心附近的前角，使切削较为轻快；圆弧刃在孔底切出凸起的圆环，可稳定钻头，改善定心性能。

2）将横刃磨短到原有长度的1/5～1/7，并加大横刃前角，以减小横刃的不利影响。

3）对直径大于15mm的钻头，在切削刃的一边磨出分屑槽，使切屑分成窄条，便于排屑。

群钻显著地提高了切削性能和刀具寿命，钻削后的孔形、孔径和孔壁质量均有所提高。

麻花钻和群钻目前多用手工刃磨，要求有较高的操作水平，即使如此也难以保证刃磨质量，目前已研制出多种类型的数控钻头刃磨机，为钻头刃磨自动化开辟了广阔前景。

4. 钻孔的应用

钻孔主要用于粗加工，如螺栓的贯穿孔、油孔以及螺纹底孔，可直接采用钻孔。

单件小批生产中，中小型工件上的小孔（$<\phi 13$ mm），常用台式钻床加工；中小型工件上直径较大的孔（$<\phi 50$mm），常用立式钻床加工；大中型工件上的孔，则应采用摇臂钻床加工。回转体工件轴线上的孔，多在车床上加工。

在成批和大量生产中，为了保证加工精度、提高生产效率和降低加工成本，广泛使用钻模（图3-10）、多轴钻（图3-11）或组合机床（图3-12）进行孔的加工。

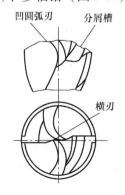

图 3-9　加工钢件的基本型群钻

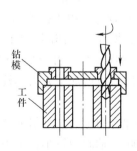

图 3-10　钻模

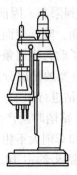

图 3-11 多轴钻

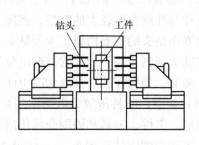

图 3-12 组合机床

精度高、表面粗糙度 Ra 值小的中小直径孔（$<\phi50mm$），在钻削之后，常常需要采用扩孔和铰孔来进行半精加工和精加工。

3.2.2 扩孔

用扩孔刀具扩大工件孔径的方法称为扩孔。扩孔可提高孔的精度，减小表面粗糙度 Ra 值。扩孔的尺寸公差等级为 IT10~IT9，表面粗糙度 Ra 值为 6.3~3.2μm，属于半精加工。

扩孔所用机床与钻孔相同，扩孔方法如图 3-13 所示，可以用扩孔钻扩孔，也可用直径较大的麻花钻扩孔。扩孔的直径为 $\phi10~\phi100mm$，其中常用的是 $\phi15~\phi50mm$。直径小于 $\phi15mm$ 的孔一般不扩孔。扩孔的余量（$D-d$）一般为孔径的 1/8。

扩孔钻与麻花钻在结构上相比有以下特点，如图 3-14 所示。

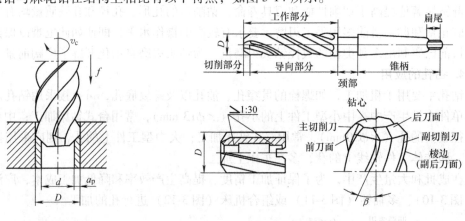

图 3-13 扩孔

图 3-14 扩孔钻

（1）刚性较好 由于扩孔的背吃刀量 a_p 小，切屑薄而窄，容屑槽可做得浅而窄，使钻芯比较粗大，增加了工作部分的刚性。

（2）导向性较好 由于容屑槽浅而窄，可在刀体上做出 3~4 个刀齿，这样一方面可提高生产率，同时也增加了刀齿的棱边数，从而增强了扩孔时刀具的导向及修光作用，切削比较平稳。

（3）切削条件较好 扩孔钻的切削刃不必自外缘延续到中心，避免了横刃和由横刃引起的不良影响，轴向力较小，可采用较大的进给量，生产率较高。此外，切屑薄而窄，排屑顺利，不易刮伤孔壁。

由于上述原因，扩孔比钻孔的精度高，表面粗糙度 Ra 值小，并在一定程度上可校正原有孔的轴线偏斜。扩孔常作为铰孔前的预加工，对于质量要求不太高的孔，扩孔也可作最终加工工序。

扩孔除了可以加工圆柱孔之外，还可以用各种特殊形状的扩孔钻（也称锪钻）来加工各种沉头座孔和锪平端面，如图 3-15 和图 3-16 所示。锪钻的前端常带有导向柱，用已加工的孔导向。

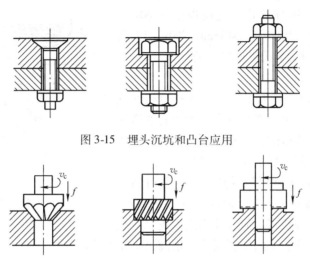

图 3-15　埋头沉坑和凸台应用

图 3-16　锪孔和锪孔台

3.2.3　铰孔

用铰刀在工件孔壁上切除微量金属层，以提高尺寸精度，减小表面粗糙度值的方法称为铰孔。铰孔所用机床与钻孔相同。铰孔可以加工圆柱孔和圆锥孔，可以在机床上进行（机铰），也可以手工进行（手铰），如图 3-17 所示。铰孔是在扩孔或半精镗的基础上进行的，铰孔余量一般为 0.05 ~ 0.25mm。铰孔的尺寸公差等级为 IT8 ~ IT6，表面粗糙度 Ra 值为 1.6 ~ 0.4μm。

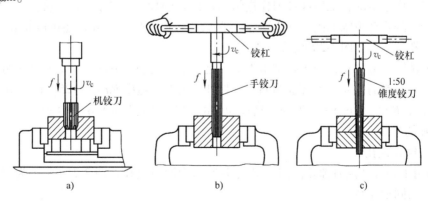

图 3-17　铰孔的方法
a）机铰圆柱孔（在钻床上）　b）手铰圆柱孔（台虎钳）　c）手铰圆锥孔（台虎钳）

铰刀分为圆柱铰刀和锥度铰刀，两者又有手铰刀（图 3-18a）和机铰刀（图 3-18b）之分。铰刀由工作部分、颈部、柄部组成。工作部分包括切削部分和修光部分。切削部分为锥形，担负主要切削工作。修光部分有窄的棱边和倒锥，以减小与孔壁的摩擦和减小孔径扩张，同时校正孔径、修光孔壁和导向作用。圆柱手铰刀为直柄，其修光部分较长，以增强导向作用，直径规格为 $\phi1 \sim \phi40mm$；圆柱机铰刀多为锥柄，其工作部分较短，装在钻床上或车床上进行铰孔，直径规格为 $\phi10 \sim \phi100mm$，其中常用的为 $\phi10 \sim \phi40mm$；锥度铰刀常用的有 1:50 锥度铰刀和莫氏锥度铰刀两种。

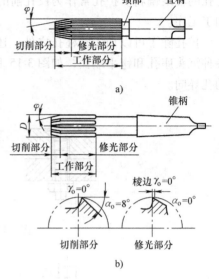

图 3-18　铰刀
a）手铰刀　b）机铰刀

铰孔的工艺特点如下：

1）铰刀为定直径的精加工刀具，铰孔容易保证尺寸精度和几何精度，生产率也较高，但铰孔的适应性不如精镗孔，一种规格的铰刀只能加工一种尺寸和精度的孔，且不能铰削非标准孔、台阶孔和不通孔。

2）机铰刀在机床上常用浮动连接，这样可防止铰刀轴线与机床主轴轴线偏斜，造成孔的形状误差、轴线偏斜或孔径扩大等缺陷。但铰孔不能校正原有孔的轴线偏斜，孔与其他表面的位置精度需由前道工序保证。

3）铰孔的精度和表面粗糙度不取决于机床的精度，而取决于铰刀的精度和安装方式以及加工余量、切削用量和切削液等条件。

4）铰削速度较低，这样可避免产生积屑瘤和引起振动。

铰孔适用于加工中批或大批大量生产中不宜拉削的孔，以及加工单件小批生产中的小孔（$D < \phi10 \sim \phi15mm$）、细长孔（$L/D > 5$）和定位销孔。钻—扩—铰、钻—铰是生产中典型的孔加工方案，但位置精度要求严格的箱体上的孔系则应采用镗削加工。

3.2.4　镗孔

镗刀旋转作主运动，工件或镗刀作进给运动的切削加工称为镗孔。镗孔主要在铣镗床、镗床上进行。卧式铣镗床如图 3-19 所示，在卧式铣镗床上除镗孔外，还可以钻孔、车端面、铣平面或车螺纹等，如图 3-20 所示。

在卧式铣镗床上镗孔，与车孔基本类似，是孔常用的加工方法之一。镗孔可分粗镗、半精镗和精镗。粗镗的尺寸公差等级为 IT12 ~ IT11，表面粗糙度 Ra 值为 25 ~ 12.5μm；半精镗为 IT10 ~ IT9，Ra 值为 6.3 ~ 3.2μm，精镗为 IT8 ~ IT7，Ra 值为 1.6 ~ 0.8μm。

1. 镗孔的方法

（1）铣镗床镗孔

1）利用主轴带动镗刀镗孔。图 3-21a、b 所示为镗削短孔，图 3-21c 所示为镗削箱体两壁相距较远的同轴孔系。

2）利用平旋盘带动镗刀镗孔。平旋盘如图 3-22 所示，平旋盘上的镗刀座可沿径向刀架作径向直线运动，使镗刀处于偏心位置，可镗削大孔和大孔的内槽（图 3-23）。

3）孔系镗削。箱体类零件上的孔系除有同轴度的要求外，还常有孔距精度及轴线间的

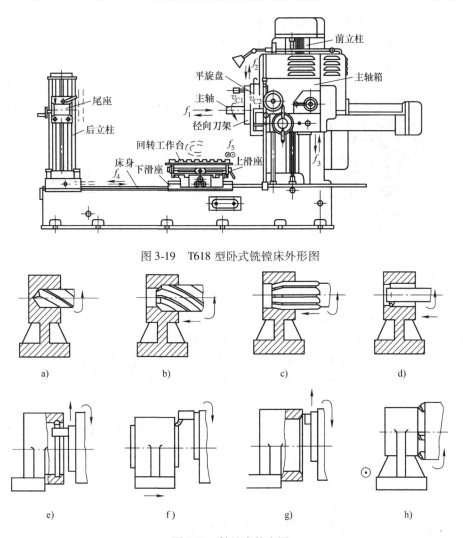

图 3-19 T618 型卧式铣镗床外形图

图 3-20 铣镗床的应用

a）钻孔 b）扩孔 c）铰孔 d）镗孔 e）镗内槽 f）车外圆 g）车端面 h）铣平面

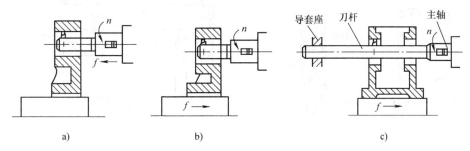

图 3-21 卧式镗床主轴旋转进行镗孔

平行度和垂直度要求，在单件小批生产中，工件的孔距精度一般利用镗床主轴箱的工作台和坐标尺调整主轴箱上下位置和工作台前后位置来保证。当孔距精度要求更高时，可利用百分表和量块调整主轴箱和工作台的位置。在大批大量生产中，孔系的孔距精度以及轴线间的平行度和垂直度均靠镗模予以保证。

（2）铣床镗孔　在卧铣或立铣的主轴锥孔中安装刀杆和镗刀，即可对支架或底座等零件进行镗孔。卧铣镗孔的方法和切削运动与图 3-21b 所示的方式相同。

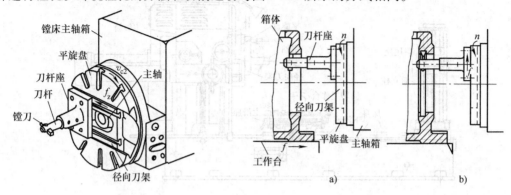

图 3-22　卧式铣镗床平旋盘　　　　图 3-23　利用平旋盘镗削大孔和内槽

2. 镗刀

（1）单刃镗刀　在单件小批生产中，对孔径小、精度低的孔，常采用单刃镗刀进行镗孔。如图 3-24 所示，孔径的尺寸和公差通过调整刀头伸出的长度来保证，一把镗刀可加工直径不同的孔，但调整困难，对工人技术水平的依赖性较大。

（2）浮动镗刀　在成批或大量生产中，对孔径大、孔深长、精度高的孔，可用浮动镗刀进行精加工。

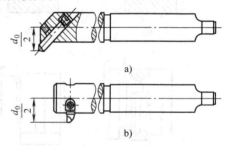

图 3-24　单刃镗刀

可调浮动镗刀如图 3-25a 所示。调节时，松开两个紧固螺钉，拧动调节螺钉，以调整活动刀块的径向位置，用百分尺控制和检验两刃之间的尺寸 D，使之符合要求。浮动镗刀在车床上镗孔如图 3-25b 所示，刀杆安装在四方刀架上，浮动镗刀块插入刀杆的长方孔中，靠两刃径向切削力的平衡而自动对中。

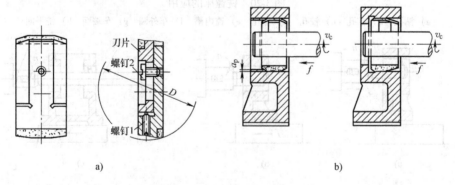

图 3-25　浮动镗刀块及工作情况
a）可调节浮动镗刀块　b）浮动镗刀工作情况

3. 镗削的工艺特点

单刃镗刀的切削部分与车刀类似，其镗孔时工艺特点如下：

（1）适应性较广　镗削可在钻孔、铸孔和锻孔的基础上进行，可达尺寸公差等级和表

面粗糙度 Ra 值的范围较广, 除直径很小且较深的孔以外, 各种直径及各种结构类型的孔均可镗削, 但它对工人技术水平依赖性较大。

(2) 镗削可有效地校正原孔的轴线偏斜 由于镗孔质量主要取决于机床精度和工人的技术水平, 所以预加工孔如轴线歪斜或有不大的位置偏差, 利用单刃镗刀多次进给可校正孔的轴线偏斜。

(3) 生产率较低 镗刀杆直径受孔径的限制, 一般刚性较差, 易弯曲变形和振动, 为减小镗杆的弯曲变形, 需采用较小的背吃刀量和进给量进行多次进给。铣镗床和铣床镗孔, 需调整镗刀在刀杆上的径向位置, 操作复杂、费时。因此生产率比扩孔和铰孔低。

由于以上特点, 单刃镗刀镗孔广泛用于单件小批生产中各类零件的孔加工。大批量生产中镗削支架、箱体的支承孔, 需要使用镗模。

3.2.5 拉削加工

用拉刀加工工件的内、外表面的方法称为拉削加工。拉削在卧式拉床和立式拉床上进行。拉刀的直线运动为主运动, 拉削无进给运动, 其进给是靠拉刀每齿升高量 (即齿升量) 来实现的。

拉削可加工内表面 (如各种型孔) 和外表面 (如平面、半圆弧面和组合表面等), 如图 3-26 所示, 图中阴影部分为拉削余量。拉削分为粗拉和精拉。粗拉的尺寸公差等级为 IT8 ~ IT7, 表面粗糙度 Ra 值为 $1.6 \sim 0.8\mu m$; 精拉为 IT7 ~ IT6, Ra 值为 $0.8 \sim 0.4\mu m$。

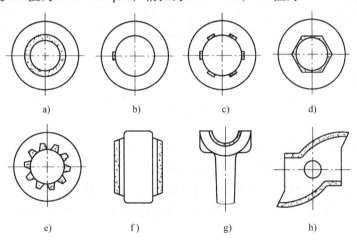

图 3-26 拉削加工的各种表面举例

a) 圆孔 b) 孔内单键槽 c) 花键孔 d) 六方孔 e) 内齿轮
f) 平面 g) 半圆弧面 h) 组合表面

1. 拉圆孔

圆孔拉刀及拉圆孔的方法如图 3-27 所示。拉削的孔径一般为 $\phi 8 \sim \phi 125mm$, 孔的深径比 $L/D \leqslant 5$。工件不需要夹紧, 用已加工过的一个端面为支承面。当工件端面与孔的轴线不垂直时, 依靠球面浮动支承装置自动调节, 使孔的轴线自动调节到与拉刀轴线方向一致, 可避免拉刀折断。圆孔拉刀各部分作用如下:

(1) 头部 夹持拉刀的部位。

(2) 颈部 直径略小, 当拉削力过大时, 一般在此处断裂, 便于焊接修复。

（3）过渡锥部　引导对准孔中心作用。

（4）前导部　引导拉刀进入预加工孔中。

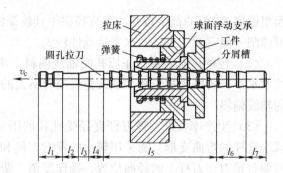

（5）切削部　前部为粗切齿，后部为精切齿，承担主要的切削工作。

（6）校准部　无齿升量，起校准、修光孔壁作用。

（7）后导部　保证拉刀的最后工作位置。

图 3-27　圆孔拉刀及拉圆孔的方法

l_1—头部　l_2—颈部　l_3—过渡锥部　l_4—前导部

l_5—切削部　l_6—校准部　l_7—后导部

（8）尾部　用于承托又长又重的拉刀，防止拉刀下垂，一般拉刀无此部分。

卧式拉床如图 3-28 所示，床身内装有驱动液压缸，活塞拉杆的右端装有随动支架和刀夹，用以支承和夹持拉刀。工作前，拉刀支持在滚轮和拉刀尾部支架上，工件由拉刀左端穿入。刀夹夹持拉刀向左作直线移动，拉刀即可完成切削加工。

2. 拉削的工艺特点

（1）生产率高　拉刀是多齿刀具，一次行程中能够完成粗、精加工。

（2）加工质量高　拉刀属于定形刀具，又有校准部分，可校准孔径、修光孔壁；拉床采用液压系统，传动平稳；拉削速度很低，不会产生积屑瘤。因此，拉削可获得较高的加工质量。

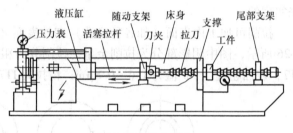

图 3-28　卧式拉床

（3）拉床简单　拉削只有一个主运动，即拉刀的直线移动，进给是靠拉刀齿升量来实现的。

（4）拉刀寿命长　拉削时切削速度较低，刀具磨损慢，刃磨一次，可以加工数以千计的工件，一把拉刀又可以刃磨多次，故拉刀的寿命长。

虽然拉削具有以上优点，但是由于拉刀结构复杂、制造困难、成本高，所以仅适用大批大量生产。但对于不通孔、深孔、阶梯孔和有障碍的外圆表面，则不能用拉削。

3.3　刨削加工

用刨刀对工件作水平相对直线往复运动的切削加工称为刨削。刨削是平面加工方法之一，可在牛头刨床或龙门刨床上进行。牛头刨床主要用于中小型零件的加工，龙门刨床主要用于大型零件或同时进行多个中型零件的加工。

刨削可加工平面、沟槽和直线型成形表面等。普通刨削可分为粗刨、半精刨和精刨。粗刨的尺寸公差等级一般为 IT12～IT11，表面粗糙度 Ra 值为 25～12.5 μm；半精刨为 IT10～IT9，Ra 值为 6.3～3.2 μm；精刨为 IT8～IT7，Ra 值为 3.2～1.6 μm。用宽刀进行精刨，表面粗糙度 Ra 值为 1.6～0.8 μm。刨削的主要应用如图 3-29 所示。

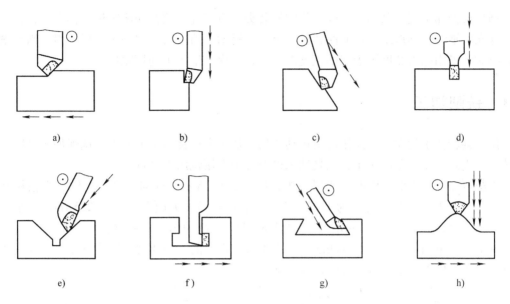

图 3-29　刨削的主要应用

a) 刨平面　b) 刨垂直面　c) 刨斜面　d) 刨直槽　e) 刨 V 形槽　f) 刨 T 形槽　g) 刨燕尾槽　h) 刨成形面

3.3.1　刨削的工艺特点

（1）加工精度低　刨削主运动为往复直线运动，冲击力较大，只能采用中低速切削，当用中等切削速度刨削钢件时易产生积屑瘤，增大表面粗糙度 Ra 值。

（2）生产率低　因刨削的往复过程中有空行程，冲击现象又限制了刨削速度，与铣削不同的是，铣削是多齿刀具的断续切削，硬质合金面铣刀还可采用高速切削，因此一般情况下刨削的生产率比铣削低。但对于窄长平面的加工，刨削的生产率则高于铣削，因为铣削进给的长度与工件的长度有关，而刨削进给的长度与工件的宽度有关，工件较窄可减少进给次数。窄长平面（如机床导轨面）多采用刨削。

（3）加工成本低　由于刨床和刨刀的结构简单，刨床的调整和刨刀的刃磨比较方便，因此刨削加工成本低，广泛用于单件小批生产及修配工作中。在中型和重型机械的生产中龙门刨床使用较多。

3.3.2　插削

用插刀对工件作垂直相对直线往复运动的切削加工称为插削加工。插削在插床上进行，可以看做是"立式刨床"加工，主运动是插刀在垂直方向上的往复直线运动，进给运动靠工作台带动工件实现纵向、横向和圆周进给。工件可用自定心卡盘、单动卡盘或压板螺栓装夹。

插削主要用于单件小批生产中加工零件的内表面，如方孔、多边形孔、孔内键槽和花键孔等，也可加工某些不便于铣削和刨削的平面。插削加工尺寸公差等级和表面粗糙度 Ra 值与刨削加工相同。

插削孔内单键槽的方法如图 3-30 所示。首先在工件孔的端

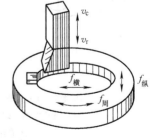

图 3-30　插削孔内单键槽

面上划出键槽加工线，采用卡盘或压板螺栓装夹，将工件安装在插床圆形工作台上，并找正使工件孔的轴线与圆形工作台的回转轴线重合。键槽插刀一般采用平头成形插刀。当键槽宽度较小时，可用插刀宽度等于键槽宽度的插刀，一次进给加工到槽宽尺寸。

3.4 铣削加工

铣刀旋转作主运动，工件作进给运动的切削加工方法称为铣削加工。铣削加工可以在卧式铣床、立式铣床、龙门铣床、工具铣床以及各种专用铣床上进行。

铣削可以加工平面、沟槽和成形面等，如图 3-31 所示。铣削可分为粗铣、半精铣和精铣。粗铣加工的尺寸公差等级为 IT12 ~ IT11，表面粗糙度 Ra 值为 25 ~ 12.5μm；半精铣为 IT10 ~ IT9，Ra 值为 6.3 ~ 3.2μm；精铣为 IT8 ~ IT7，Ra 值为 3.2 ~ 1.6μm。

铣平面是平面加工的主要方法之一。中小型零件上的平面通常在卧式铣床或立式铣床上进行，大型零件上的平面可在龙门铣床上加工。

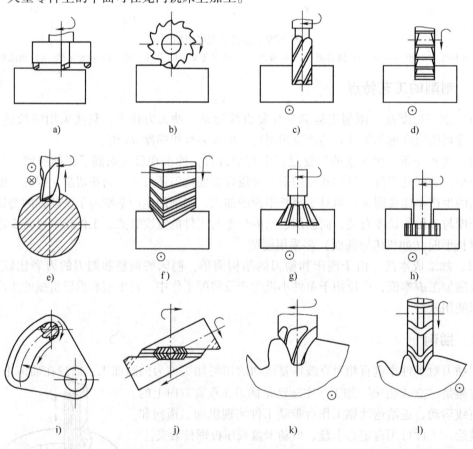

图 3-31 铣床主要应用

a) 端铣平面 b) 周铣平面 c) 立铣刀铣直槽 d) 三面刃铣刀铣直槽 e) 键槽铣刀铣键槽
f) 铣角度槽 g) 铣燕尾槽 h) 铣 T 形槽 i) 在圆形工作台上立铣刀铣圆弧槽
j) 铣螺旋槽 k) 指形齿轮铣刀铣成形面 l) 盘状铣刀铣成形面

3.4.1 铣刀

铣平面用的铣刀主要有圆柱形铣刀、镶齿面铣刀、套式面铣刀、三面刃铣刀和立铣刀。

1. 圆柱形铣刀

如图 3-32 所示圆柱形铣刀的刀齿分布在圆柱表面上，直径规格为 $\phi50 \sim \phi100$mm，可分为直齿和螺旋齿两种。由于螺旋齿圆柱形铣刀的每个刀齿是逐渐切入和切离工件的，所以其工作过程平稳，加工表面粗糙度 Ra 值小，但有轴向力产生，常用两把螺旋角相等而旋向相反的螺旋齿圆柱形铣刀成对安装使用，以相互抵消轴向切削力。

圆柱形铣刀一般用高速钢制成，用在卧式铣床上铣削中小型平面。切削速度不宜过高，一般为 $30 \sim 40$m/min，生产率较低。

2. 镶齿面铣刀

镶齿面铣刀如图 3-33 所示，刀齿分布在刀体端面上，镶有硬质合金刀片，刀盘直径规格为 $\phi75 \sim \phi300$mm。切削速度可达 $100 \sim 150$m/min，生产率较高，应用广泛，主要铣削大平面。

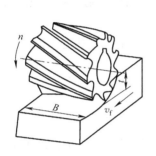

图 3-32 圆柱形铣刀铣平面

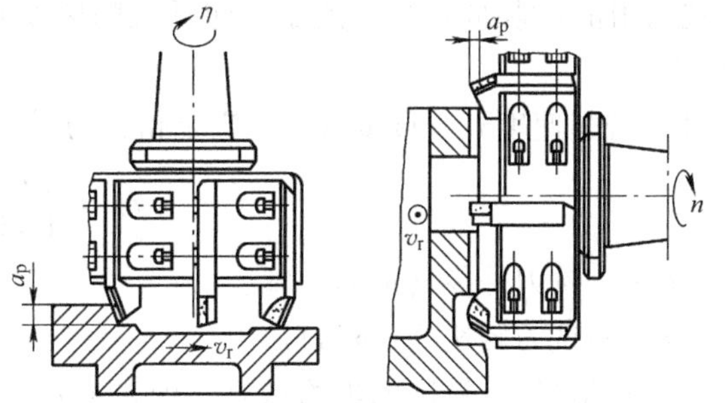

图 3-33 镶齿面铣刀铣平面

3. 套式面铣刀

套式面铣刀如图 3-34 所示，呈套式圆柱体，圆周面和端面上均有切削刃，直径规格为 $\phi40 \sim \phi160$mm，材料为高速钢，切削速度低，一般为 $30 \sim 40$m/min，生产率较低，用于铣削各种中小平面和台阶面。

4. 三面刃铣刀

三面刃铣刀如图 3-35 所示，刀齿分布在圆周面和两端面上，直径规格为 $\phi50 \sim \phi200$mm，材料为高速钢，可铣削小型台阶面、直槽和四方或六方螺钉头等。

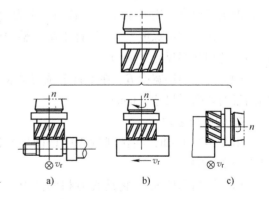

a)   b)   c)

图 3-34 套式面铣刀铣削平面

5. 立铣刀

立铣刀如图 3-36 所示，刀齿分布在圆周面和端面上。直柄立铣刀直径为 $\phi2 \sim \phi20$mm，锥柄立铣刀直径为 $\phi14 \sim \phi50$mm，材料为高速钢。立铣刀多用来铣削中小平面，如凸台面、直槽和内凹面等。

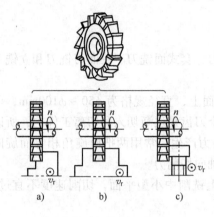

图 3-35　三面刃铣刀铣平面

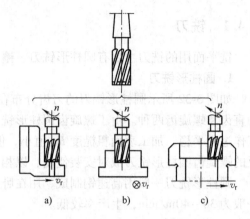

图 3-36　立铣刀铣平面

3.4.2　铣削过程分析

1. 铣削用量要素

铣削用量要素如图 3-37 所示，包括铣削速度 v_c、进给量 f、待铣削层深度 t 和铣削层宽度 B 等。

（1）铣削速度 v_c（m/min）　它是指铣刀最大直径处切削刃的圆周速度，即

$$v_c = \frac{\pi D n}{1000}$$

式中　D——铣刀外径（mm）；

n——铣刀转速（r/min）。

（2）进给量 f　铣削的进给量有三种表示方法，即铣刀每转过一齿，工件沿进给方向所移动的距离，称为每齿进给量，用 f_z 表示；铣刀每转一转，工件沿进给方向所移动的距离，称为每转进给量，用 f 表示；铣刀旋转 1min，工件沿进给方向移动的距离，称为每分钟进给量，即进给速度，用 v_f 表示。三者的关系为 $v_f = fn = f_z z n$。其中，z 为铣刀齿数。

（3）待铣削层深度 t　在垂直于铣刀轴线方向测量的切削层尺寸（mm）。

（4）待铣削层宽度 B　在平行于铣刀轴线方向测量的切削层尺寸（mm）。

2. 切削层参数

由图 3-37 可知，在铣削过程中切削层参数是不断变化的。

（1）切削厚度 h_D　它是铣刀相邻两刀齿主切削刃运动轨迹（即切削平面）间的垂直距离。由图 3-37 可知，用圆柱铣刀铣削时，切削厚度在每一瞬间都是变化的。端铣时的切削厚度也是变化的。

（2）切削宽度 b_D　它是铣刀主切削刃与工件的接触长度，即铣刀主切削刃参加工作的长度。

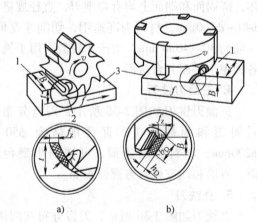

图 3-37　铣削用量要素

a）圆柱铣刀铣削　b）面铣刀铣削

1、4—待加工表面　2、5—过渡表面

3—已加工表面

（3）切削面积 A_c　铣刀每齿的切削面积等于切削宽度和切削厚度的乘积。铣削时，铣刀有几个刀齿同时参加切削，故铣削时切削面积应为各刀齿切削面积的总和。

由于切削厚度是个变值，使铣刀的负荷不均匀，在工作中易引起振动。但用螺旋齿圆柱铣刀加工时，不但切削厚度是个变值，而且切削宽度也是个变值（图 3-38a），Ⅰ、Ⅱ、Ⅲ三个工作刀齿的工作长度不同，因此有可能使切削层面积的变化大为减少，从而使切削力的变化减小，实现较均衡的切削条件。

3. 铣削力分析

在铣削过程中，可将总切削力分解为三个分力，如图 3-39 所示，即主切削力 F_c、背向力 F_p 和进给力 F_f。F_c 是切下切屑所需的力；F_p 是工件竭力要把铣刀推开的力；F_c 和 F_p 的合力作用在铣刀刀杆上，使刀杆发生弯曲；F_f 是使刀杆受到进给力的作用。

铣削力与车削力相比，受力情况较复杂，其特点为：

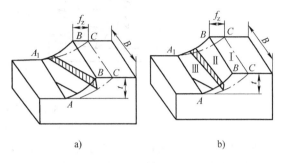

图 3-38　螺旋齿和直齿圆柱铣刀的切削层形式
a）螺旋齿圆柱铣刀　b）直齿圆柱铣刀

1）铣削力大小是变化的。铣削力变化的原因是在切削过程中，切削厚度不断变化，造成每个刀点的受力忽大忽小。在图 3-38b 中，刀齿在不同位置时的切削厚度不同，在位置Ⅰ最大，在位置Ⅲ最小。

2）铣削过程中同时参加切削的刀齿数是变化的。在图 3-40a 所示状态下，刀齿 1、2、3 都参与切削，而在切至图 3-40b 所示状态时，刀齿 1 已切离工件，在此瞬间，总切削力突然降低，这对直齿圆柱铣刀尤为严重。

3）铣削力的方向是变化的。如图 3-40a 所示，有三个刀齿同时切削时，合力的作用点在 A 点，当刀齿 1 切离工件时，合力的作用点移至 B 点，而且方向也变了，如图 3-40b 所示。

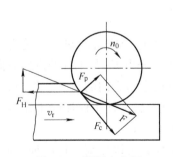

图 3-39　铣削力分析

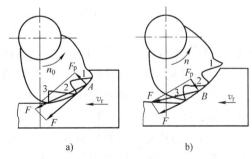

图 3-40　铣削过程受力特点

3.4.3　铣削方式

平面铣削有周铣和端铣两种方式。周铣是用圆柱形铣刀圆周上的刀齿进行切削，端铣是用面铣刀端面上的刀齿进行切削。周铣又分为逆铣和顺铣，端铣分为对称铣和不对称铣。铣削时应根据加工条件和要求，选择适当的铣削方式，以保证工件加工质量、刀具寿命和提高生产率。

1. 逆铣和顺铣

在切削部位铣刀的切削速度的方向与工件进给方向相反称为逆铣，如图 3-41a 所示；方向相同时称为顺铣，如图 3-41b 所示。

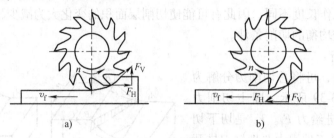

图 3-41　逆铣和顺铣
a）逆铣　b）顺铣

逆铣时，每个刀齿接触工件的初期，不能切入工件，要在工件表面上挤压、滑行，使刀齿与工件之间产生较大的摩擦力，这样会加速刀具磨损，同时也增大工件的表面粗糙度 Ra 值，并增加已加工表面的硬化程度；铣刀作用在工件上的垂直分力 F_V 上抬工件，容易引起振动，对铣削薄而长的工件不利；水平分力 F_H 与进给方向相反，逆铣过程中丝杠始终压向螺母，如图 3-42a 所示，不致因为间隙的存在而引起串动，使工作台运动比较平稳。

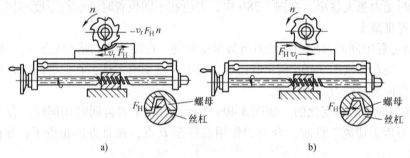

图 3-42　逆铣和顺铣时丝杠螺母间隙
a）逆铣　b）顺铣

顺铣时，每个刀齿从最大的切削厚度开始切入，避免了上述逆铣时的缺点；垂直分力 F_V 向下，将工件压向工作台，减少了工件振动的可能性；水平分力 F_H 与工件的进给方向相同，工作台进给丝杠与固定螺母之间一般都存在间隙，间隙在进给方向的前方，如图 3-42b 所示。由于水平分力 F_H 的大小不断变化，当增大到一定程度时，会使工件连同工作台和丝杠一起向前窜动，造成进给量突然增大，甚至引起打刀、扎刀现象。

综上所述，顺铣有利于提高刀具寿命和工件夹持的稳定性，可以提高工件的加工质量，对于不易夹牢和薄而长的工件或工作台有丝杠和螺母的间隙调整机构时，可采用顺铣；一般情况，特别是有硬皮的铸件或锻件毛坯，应采用逆铣。

2. 对称铣和不对称铣

工件相对铣刀回转中心处于对称位置时称为对称铣，如图 3-43a 所示；工件偏于铣刀回转中心一侧时称为不对称铣，如图 3-43b、c 所示。

铣削时可通过调整铣刀和工件的相对位置，调节刀齿切入和切出时的切削厚度，从而达

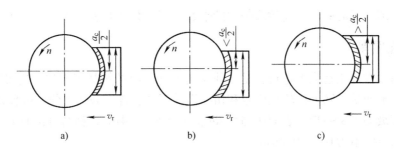

图 3-43 端铣的方式

a) 对称铣削 b) 不对称铣削 c) 不对称顺铣

到改善铣削过程的目的。一般情况下，当工件宽度接近铣刀直径时，采用对称铣；当工件较窄时，采用不对称铣。

3. 周铣法与端铣法的比较

（1）端铣的加工质量比周铣高 端铣同周铣相比，同时工作的刀齿数多，铣削过程平稳；端铣的切削厚度虽小，但不像周铣时切削厚度最小时为零，改善了刀具后刀面与工件间的摩擦状况，提高了刀具寿命，减小了表面粗糙度 Ra 值；面铣刀的修光刃可修光已加工表面，使表面粗糙度 Ra 值较小。

（2）端铣的生产率比周铣高 端铣的面铣刀直接安装在铣床主轴端部，刀具系统刚性好，同时刀齿可镶硬质合金刀片，易于采用大的切削用量进行强力切削和高速切削，使生产率得到提高，而且工件已加工表面质量也得到提高。

（3）端铣的适应性比周铣差 端铣一般只用于铣平面，而周铣可采用多种形式的铣刀加工平面、沟槽和成形面等，周铣的适应性强，因此生产中仍广泛使用。

3.4.4 铣削的工艺特点

（1）生产率较高 铣刀是多齿刀具，铣削时有几个刀齿同时参加工作，总的切削宽度较大；铣削的主运动是铣刀的旋转，有利于采用高速切削，采用端铣法还可进行强力铣削。所以铣削平面的生产率一般比刨削高。

（2）容易产生振动 铣刀的刀齿切入和切出时产生冲击，以及切削厚度的变化引起切削面积和切削力的变化，因此，铣削过程不平稳，容易产生振动。切削过程不平稳，限制了铣削加工质量和生产率的进一步提高。

（3）铣刀的散热条件较好 铣刀刀齿在切离工件的一段时间内，可以得到一定时间的冷却，散热条件较好，有利于提高铣刀的寿命。但是，在切入和切出时，热和力的冲击，将加速刀具的磨损，甚至可能引起硬质合金刀片的碎裂。

（4）铣削加工范围广泛 铣削加工不仅可以加工箱体、支架、机座以及板块状零件的大平面、凸台面、内凹面、台阶面、V 形槽、T 形槽、燕尾槽，还可以加工轴和盘套类零件的小平面、小沟槽以及分度工件，因此，铣削加工范围广泛。

3.5 磨削加工

用砂轮或涂覆磨具以较高的线速度对工件表面进行加工的方法称为磨削加工。磨削加工可分为普通磨削、无心磨削、高效磨削和砂带磨削等。磨削大多在磨床上进行。

3.5.1　普通磨削

普通磨削多在通用磨床上进行，是一种应用十分广泛的精加工方法，它可以加工外圆、内圆、锥面、平面等。随着砂轮粒度号和切削用量不同，普通磨削可分为粗磨和精磨。粗磨的尺寸公差等级为 IT8 ~ IT7，表面粗糙度 Ra 值为 0.8 ~ 0.4μm；精磨可达 IT6 ~ IT5（磨内圆为 IT7 ~ IT6），Ra 值为 0.4 ~ 0.2μm。

1. 磨外圆（包括外锥面）

磨外圆在普通外圆磨床和万能外圆磨床上进行，具体方法有纵磨法和横磨法两种，如图 3-44 和图 3-45 所示。这两种方法相比，纵磨法加工精度较高，Ra 值较小，但生产率较低；横磨法生产率较高，但加工精度较低，Ra 值较大。因此，纵磨法广泛用于各种类型的生产中，而横磨法只适用于大批大量生产中磨削刚度较好、精度较低、长度较短的轴类零件上的外圆表面和成形面。

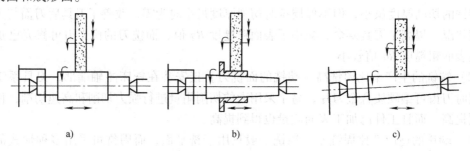

图 3-44　纵磨法磨外圆
a）磨轴类零件外圆　b）磨盘套类零件外圆　c）磨轴类零件锥面

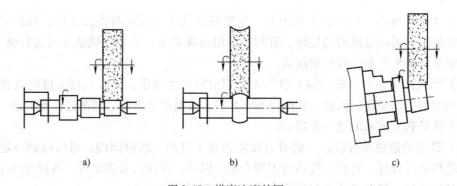

图 3-45　横磨法磨外圆
a）磨轴类零件外圆　b）磨成形面　c）扳转头架磨短锥面

2. 磨内圆（包括内锥面）

磨内圆在内圆磨床和万能外圆磨床上进行，其方法如图 3-46 所示。与磨外圆相比，由于磨内圆砂轮受孔径限制，切削速度难以达到磨外圆的速度；砂轮轴直径小，悬伸长，刚度差，易弯曲变形和振动，且只能采用很小的背吃刀量；砂轮与工件成内切圆接触，接触面积大，磨削热多，散热条件差，表面易烧伤。因此，磨内圆比磨外圆生产率低得多，加工精度和表面质量也较难控制。

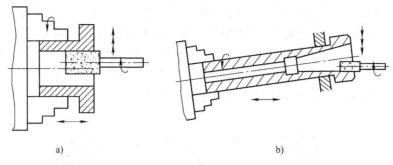

图 3-46　磨内圆的方法

a）磨内圆　b）扳转上工作台磨锥孔

3. 磨平面

磨平面在平面磨床上进行，其方法有周磨法和端磨法两种，如图 3-47 所示。周磨法加工精度高，表面粗糙度 Ra 值小，但生产率较低，多用于单件小批生产中。端磨法生产率较高，但加工质量略差于周磨法，多用于大批大量生产中磨削精度要求不太高的平面。

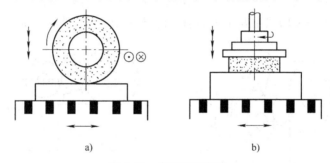

图 3-47　磨平面的方法

a）周磨法　b）端磨法

磨平面常作为铣平面或刨平面后的精加工，特别适宜磨削具有平行度要求的平面零件。此外，还可磨削导轨平面。机床导轨多是几个平面的组合，在成批或大量生产中，常在专用的导轨磨床上对导轨面作最后的精加工，如图 3-48 所示。

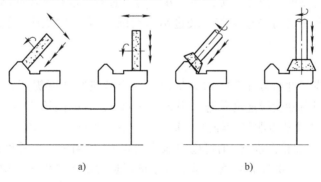

图 3-48　磨导轨面

a）周磨法　b）端磨法

3.5.2　无心磨削

无心磨削在无心磨床上进行，其方法有纵磨法和横磨法两种。

（1）无心纵磨法　无心纵磨法磨外圆如图 3-49 所示。大轮为工作砂轮，起切削作用。小轮为导轮，无切削能力。两轮与托板构成 V 形定位面托住工件。由于导轮的轴线与砂轮轴线倾斜角 $\beta = 1° \sim 6°$，$v_导$ 分解成 $v_工$ 和 $v_进$。$v_工$ 带动工件旋转，$v_进$ 带动工件轴向移动。为使导轮与工件直线接触，应把导轮圆周表面的母线修整成双曲线。无心纵磨法主要用于大批大量生产中，磨削细长光滑轴及销钉、小套等零件的外圆。

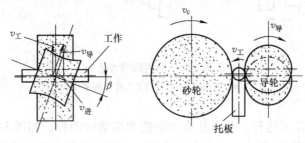

图 3-49　无心纵磨法磨外圆

（2）无心横磨法　无心横磨法磨外圆如图 3-50 所示。导轮的轴线与砂轮轴线平行，工件不作轴向移动。无心横磨法主要用于磨削带台肩而又较短的外圆、锥面和成形面等。

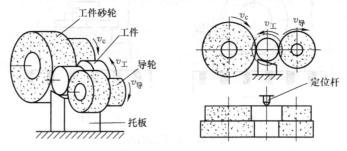

图 3-50　无心横磨法磨外圆

3.5.3　高效磨削

随着科学技术的发展，作为传统精加工方法的普通磨削也在逐步向高效率和高精度的方向发展。高效磨削常见的有高速磨削、缓进给深磨削、恒压力磨削、宽砂轮与多砂轮磨削等。

1. 高速磨削

普通磨削砂轮线速度通常在 $30 \sim 35 \text{m/s}$ 以内。当砂轮线速度提高到 45m/s 以上时则称为高速磨削。目前国内砂轮线速度普遍采用 $50 \sim 60 \text{m/s}$，有的高达 80m/s。某些发达国家已达 230m/s。高速磨削可获得明显的经济效果，生产率一般可提高 $30\% \sim 100\%$，砂轮寿命提高 $0.7 \sim 1$ 倍，工件表面粗糙度 Ra 值可稳定地达到 $0.8 \sim 0.4 \mu\text{m}$。高速磨削目前已应用于各种磨削工艺中，不论是粗磨还是精磨，是单件小批还是大批大量生产，均可采用。

2. 缓进给深磨削

缓进给深磨削的深度为普通磨削的 $100 \sim 1000$ 倍，可达 $3 \sim 30 \text{mm}$，是一种强力磨削的方法，如图 3-51 所示。大多经一次行程磨削即可完成。缓进给深磨削生产率高，砂轮损耗小，磨削质量好。其缺点是设备费用高。将高速快进给磨削与深磨削相结合，其效果更佳，使生产率大幅度提高。例如，利用高速快进给深磨削法，用 CBN 砂轮以 150m/s 的速度一次磨出

宽 10mm、深 30mm、长 50mm 的精密转子
槽时，磨削时间仅需零点几秒。这种方法
现已成功用于丝杠、齿轮、转子槽等沟
槽、齿槽的加工，并实现了以磨代铣。

3. 恒压力磨削

恒压力磨削实际上是横磨法的一种特
殊形式。磨削时，无论外界因素（如磨削
余量、工件材料硬度、砂轮钝化程度等）
如何变化，砂轮始终以预定的压力压向工

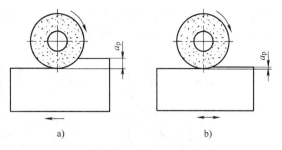

图 3-51 缓进给深磨削与普通磨削比较
a）缓进给深磨削 b）普通磨削

件，直到磨削结束为止。恒压力磨削加工质量稳定可靠，生产效率高；避免砂轮超负荷工
作，操作安全。恒压力磨削目前已在生产中得到应用，并收到了良好的技术经济效果。例
如，利用恒压力磨削 317 球轴承内圈外滚道，其圆弧半径为 13mm，磨削余量为 0.5mm，磨
削时间只要 15s，圆度误差不超过 2μm，尺寸误差在 10~20μm 之间，Ra 值 0.8~0.4μm。

4. 宽砂轮与多砂轮磨削

宽砂轮磨削是用增大磨削宽度来提高磨削效率的，如图 3-52 所示，普通外圆磨削的砂
轮宽度为 50mm 左右，而宽砂轮外圆磨削砂轮宽度可达 400mm，无心磨削可达 1000mm。宽
砂轮外圆磨削一般采用横磨法。它主要用于大批大量生产中，例如磨削花键轴、电机轴以及
成形轧辊等。其尺寸公差等级可达 IT6，Ra 值可达 0.4μm。

多砂轮磨削如图 3-53 所示。它实际上是宽砂轮磨削的另一种形式，其尺寸公差等级和
Ra 值与宽砂轮磨削相同。多砂轮磨削适用于大批大量生产，目前多用于外圆和平面磨削。
近年来在内圆磨床上也开始采用这种方法，用来磨削零件上的同轴孔系。

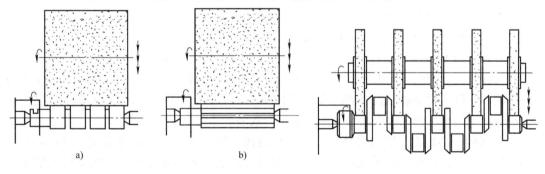

图 3-52 宽砂轮磨削
a）磨滑阀外圆 b）磨花键轴外圆

图 3-53 多砂轮磨削

3.5.4 砂带磨削

利用砂带，根据加工要求以相应的接触方式对工件进行加工的方法称为砂带磨削，如图
3-54 所示。它是近年发展起来的一种新型高效磨削方法。

砂带所用磨料大多是精选出来的针状磨粒，应用静电植砂工艺，使磨粒均直立于砂带基
体且锋刃向上，定向整齐均匀排列，因而磨粒具有良好的等高性，磨粒间容屑空间大，磨粒
与工件接触面积小，且可使全部磨粒同时参加切削。因此，砂带磨削效率高，磨削热少，散
热条件好。砂带磨削的工件，其表面变形强化程度和残余应力均大大低于砂轮磨削。砂带磨

削多在砂带磨床上进行，也可在卧式车床、立式车床上利用砂带磨头或砂带轮磨头进行，适宜加工大、中型尺寸的外圆、内圆和平面。

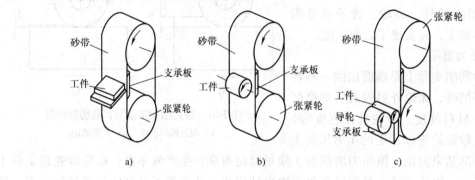

图 3-54 砂带磨削
a）磨平面 b）磨外圆 c）无心磨外圆

3.5.5 磨削工艺特点

磨削加工与普通刀具切削加工相比，具有如下工艺特点：

（1）加工精度高 这是因为：磨削属于高速多刃切削，其切削刃刀尖圆弧半径比一般车刀、铣刀、刨刀要小得多，能在工件表面上切下一层很薄的材料；磨削过程是磨粒切削、刻划和滑擦的综合作用过程，有一定的研磨抛光作用；磨床比一般机床加工精度高，刚度和稳定性好，且具有微量进给机构。

（2）可加工高硬度材料 磨削不仅可以加工铸铁、碳钢、合金钢等一般结构材料，还可以加工一般刀具难以切削的高硬度的淬硬钢、硬质合金、陶瓷、玻璃等难加工材料。但对于塑性很大、硬度很低的有色金属及其合金，因其屑末易堵塞砂轮气孔而使砂轮丧失切削能力，一般不宜磨削，而多采用刀具切削精加工。

（3）砂轮有自锐作用 磨削工程中，砂轮的自锐作用是其他切削刀具所没有的。一般刀具的切削刃，如果磨钝或损坏，则切削不能继续进行，必须换刀或刃磨。而砂轮由于本身的自锐性，使得磨粒能够以较锋利的刃口对工件进行切削。实际生产中，有时就利用这一原理，进行强力连续磨削，以提高磨削加工的生产效率。

（4）径向分力较大 磨削时磨粒一般是负前角，且砂轮与工件接触较宽，使径向分力较大。径向分力作用在工艺系统刚性较差的方向上，使工艺系统变形，影响工件的加工精度。例如纵磨细长轴的外圆时，由于工作的弯曲产生的腰鼓形。另外，工艺系统的变形，会使实际磨削深度比名义值小，这将增加磨削时的进给次数。在最后几次光磨进给中，要把磨削背吃刀量递减至零，以便逐步消除由于变形而产生的加工误差。但是，这样将降低磨削加工的效率。

（5）磨削温度高 磨削时的切削速度一般为切削加工的 10 ~ 20 倍，在这样高的切削速度下，加上磨粒多为负前角切削，挤压和摩擦较严重，消耗功率大，产生的切削热多。又因为砂轮本身的传热性很差，大量的磨削热在短时间内传散不出去，在磨削区形成瞬间高温，有时高达 800 ~ 1000℃。

高的磨削温度容易烧伤工件表面，使淬火钢件表面退火，硬度降低。即使由于切削液的浇注，可能发生二次淬火，也会在工件表层产生张应力及微裂纹，降低零件的表面质量和寿命。高温下，工件材料将变软而容易堵塞砂轮，这不仅影响砂轮的寿命，也影响工件的表面质量。因此，在磨削过程中，应采用大量的切削液。磨削时加注切削液，除了冷却和润滑作用之外，还可以起到冲洗砂轮的作用。切削液将细碎的切屑以及碎裂或脱落的磨粒冲走，避免砂轮堵塞，可有效地提高工件的表面质量和砂轮的寿命。

磨削应用越来越广泛，磨削可进行外圆、内圆、锥面、平面、成形面、螺纹、齿形等多种表面的精加工，还可刃磨各种刀具。随着精密铸造、模锻、精密冷轧等先进毛坯制造工艺日益广泛应用，毛坯的加工余量较小，可不必经过车、铣、刨等粗加工和半精加工，直接用磨削达到较高的尺寸精度和较小的表面粗糙度 Ra 值的要求。因此，磨削加工获得了越来越广泛的应用和日益迅速的发展。目前在工业发达国家，磨床已占到机床总数的 30% ~ 40%，而且还有不断增加的趋势。

3.6　精密和超精密加工

在尖端技术产品中，导弹的命中率、大规模集成电路的硅片、计算机硬盘、复印机的磁鼓、摄录像机的磁头等都需要精密和超精密加工。精密和超精密加工技术的应用，使陀螺仪的精度提高了一个等级，使洲际导弹的命中精度从 500m 提高到 50 ~ 150m。

计算机磁盘的存储量在很大程度上取决于磁头与磁盘之间的距离，即所谓飞行高度，目前"飞行高度"一般只有 0.3μm，近期可望达到 0.15μm。要实现如此小的"飞行高度"，除要求有较高的磁盘转动精度之外，对磁盘基片的机械加工和涂覆的平面度及表面质量的要求也很高。磁盘的记忆密度在 1957 年为 300bit/cm^2，1982 年已达到 254×10^5bit/cm^2，在 25 年内增加了近一万倍。这除了由于原材料的涂覆技术的改进之外，在很大程度上应归功于超精密加工带来的磁盘基片加工精度的提高和表面粗糙度 Ra 值的减小。

从某种意义上说，精密和超精密加工担负着支持最新科学技术进步的重要使命。

3.6.1　精密和超精密加工的概念

零件加工的精密程度，是随着科学技术的进步不断发展的。因而精密和超精密加工是指某一历史时期，零件的加工精度和表面质量达到最高程度的加工工艺。当前，零件加工的精密程度大体可划分为普通加工、精密加工和超精密加工。

（1）普通加工　加工的尺寸公差等级为 IT7 ~ IT5，加工精度为 10 ~ 1μm，表面粗糙度 Ra 值为 1.6 ~ 0.1μm。常用的加工方法有车、铣、刨、磨、镗、铰和拉等。机床、汽车的大多数零件是用普通加工实现的。

（2）精密加工　加工的尺寸公差等级为 IT5 ~ IT3，加工精度为 1 ~ 0.1μm，表面粗糙度 Ra 值为 0.1 ~ 0.008μm。常采用的加工方法有金刚石车削、金刚镗削、珩磨、研磨、超精加工和抛光等。精密加工在制造业中处于十分重要的地位，常用于精密丝杠、精密齿轮、精密蜗轮、精密导轨和精密轴承等关键零件的加工。

（3）超精密加工　可达到的尺寸公差为 0.1 ~ 0.01μm，表面粗糙度 Rz 值为 0.001μm（注：在超精密加工中，表面粗糙度常用 Rz 表示）。

3.6.2 精密加工技术

精密加工是进一步提高零件加工精度和减小表面粗糙度值的方法。精密加工必须在精车、精铣、精镗和精磨的基础上进行。

1. 超精加工

用细粒度的磨具（磨石）对工件施加很小的压力，并作高频率短行程往复振动和慢速纵向进给运动，以实现微量磨削的一种光整加工方法，称为超精加工（又称超级光磨）。

超精加工的特点如下：

1）超精加工可在卧式车床、外圆磨床上进行，在成批或大量生产中宜在专用机床上进行。工作时应充分地加润滑油，以便形成油膜和清洗极细的磨屑。经这种方法加工的工件表面粗糙度 Ra 值在 $0.1 \sim 0.01 \mu m$ 之间。

2）生产率较高。因为加工余量极小，一般为 $3 \sim 10 \mu m$，加工过程所需时间很短。

3）表面质量好。由于磨条运动轨迹复杂，加工过程由切削作用过渡到抛光，表面粗糙度 Ra 值很小，并具有复杂的交叉网纹，利于贮存润滑油，故加工后表面的耐磨性较好。

4）仅能提高工件的表面质量，而不能提高其尺寸精度和几何精度。所以，前道工序必须保证零件要求的加工精度。

超精加工主要用于加工汽车内燃机零件、精密量具等表面粗糙度 Ra 值小的表面，如轴承、曲轴、凸轮轴、活塞、活塞销。超精加工能对各种材料，如钢、铸铁、黄铜、铝、陶瓷、玻璃、硅和锗等进行加工，还能加工平面、内圆和各种曲面。

2. 珩磨

珩磨是用细磨粒磨条组成的珩磨头加工零件内孔的一种光整加工方法。珩磨工具对工件表面施加一定压力，以往复和旋转运动相配合，切除工件上极小的加工余量。一般经过珩磨的孔可以提高形状和尺寸精度一级。

珩磨特点如下：

1）生产率较高。珩磨时有多个磨条同时工作，并且连续变化切削方向，能较长时间保持磨粒锋利，所以珩磨的效率较高。

2）珩磨可提高孔的表面质量、尺寸和形状精度，但不能提高孔的位置精度。

3）珩磨表面耐磨损。由于已加工表面有交叉网纹，利于油膜形成，故润滑性能好，磨损慢。

4）不宜加工有色金属。珩磨实际上是一种磨削，为避免磨条堵塞，不宜加工塑性较大的有色金属零件。

5）珩磨头结构复杂。

珩磨主要用于孔的加工，加工直径为 $\phi 5 \sim \phi 500 mm$ 或更大的孔，并且能加工深孔。

珩磨不仅在大批大量生产中应用极为普遍，而且在单件小批生产中应用也较广泛。对于某些零件的孔，珩磨已成为典型的精密（光整）加工方法，例如发动机的气缸、缸套、连杆以及液压缸、炮筒等。

3. 研磨

在研具和工件间置以研磨剂，从工件上研去一层极薄表层的加工方法称为研磨。采用不同的研磨工具（如研磨心棒、研磨套、研磨平板等）可对内圆、外圆和平面等进行研磨。

研磨可达到其他切削加工方法难以达到的加工精度，尺寸公差等级可达 IT5～IT3，尺寸精度可达亚微米级，表面粗糙度 Ra 值可达 $0.1～0.01\mu m$；研磨之所以能达到这么高的加工精度，是因为研磨具有"三性"，即微细性、随机性和针对性的缘故。研磨是在良好的预加工基础上进行 $0.01～0.1\mu m$ 的切削，即微细性；研磨过程中工件与研具的接触是随机的，可使高点相互修整，逐步减小误差，即随机性；手工研磨可通过检测工件，有针对地变动研磨位置，掌握研磨时间，有效地控制加工质量，即针对性。

一般单件小批生产中采用手工研磨，大批量生产中采用机械研磨。

（1）手工研磨　研磨外圆时将工件安装在车床顶尖间或卡盘上，在加工表面上涂上研磨剂，再把研具套上，工件低速旋转，手握研具轴向往复移动。外圆研具由研磨环和研具夹组成，研磨环上的开口使其具有一定弹性，粗研用的研磨环孔内常开有环槽或螺旋槽，起贮存研磨剂和排屑作用。研具上的调节螺钉用以微调研磨环的内径尺寸，使之对工件产生一定压力。在研磨过程中，不断检测工件尺寸和调整调节螺钉，直至尺寸合格时为止。

（2）机械研磨　机械研磨是在研磨机上进行的。研具是两块同轴由铸铁制成的上、下研磨盘，它们可同向或反向旋转。工件置于隔离板的空格中，上研磨盘通过加压杆对工件适当加压。研磨时下研磨盘旋转，偏心轴带动隔离板旋转，使工件得到既转动又滑动的复杂而又不重复的运动轨迹。分隔盘空格槽的方向与半径成 $\gamma = 6°$ 的夹角，以增加工件轴向的滑动速度，从而获得较高的精度和较小的 Ra 值。

研磨的特点是研磨能获得高的尺寸精度（IT5～IT3）、小的 Ra 值（$0.1～0.01\mu m$），可提高尺寸、形状精度，但不能提高位置精度。研磨还可以提高零件的耐磨性、耐蚀性、疲劳强度和寿命。一般研磨余量不应超过 $0.01～0.03\ mm$。

研磨可以加工的表面较多，如平面、圆柱面、圆锥面、螺纹表面、齿轮表面以及球面等。在现代工业中，常用作精密零件的最终加工。

4. 光整磨削

为使工件获得表面粗糙度 Ra 值在 $0.1\mu m$ 以下的磨削称为光整磨削，其中 Ra 值在 $0.16～0.08\mu m$ 的称精密磨削；获得 Ra 值在 $0.02～0.04\mu m$ 的称超精密磨削；获得 Ra 值在 $0.01\mu m$ 以下的称镜面磨削。光整磨削主要靠砂轮的精细修整，使砂轮磨粒微刃具有很好的等高性，因此能使被加工表面留下大量极微细的磨削痕迹，残留高度很小，加工到无火花磨削阶段时，在微刃切削、滑挤、抛光、摩擦等综合作用下，使表面粗糙度 Ra 值较小。光整磨削时，砂轮修整是关键，但砂轮的选择也很重要。如对钢和铸铁件进行精密磨削时，一般常选用磨料为白刚玉（WA）、陶瓷结合剂砂轮。

为了获得高的加工精度，实行光整磨削的机床应有高的几何精度和高精度的横向进给机构，以保证砂轮修整时的微刃性和微刃等高性，并且还应有低速稳定性好的工作台移动机构，以保证砂轮修整质量和加工质量。

光整磨削与一般磨削的主要区别如下：

1）砂轮粒度更细，光整磨削时为 F60 以上。

2）砂轮线速度较低，为 $12～20m/s$。

3）砂轮修整时工作台速度慢，为 $10～25mm/min$。

4）横向进给量更小，光整磨削时为 $0.0025～0.005mm$。

5）工件线速度低，光整磨削时为 $4～10mm/min$。

6）无火花磨削次数多，光整磨削时为 10~20 次。

光整磨削适用于各类精密机床主轴、关键轴套、轧辊、塞规、轴承套圈等的加工。

3.6.3　超精密加工技术

目前超精密加工包括三个领域：超精密切削，如超精密金刚石切削，可加工各种镜面，它成功地解决了高精度大型抛物镜面的加工，用于激光光核聚变系统和天体望远镜；超精密磨削和研磨，可以解决大规模集成电路基片的加工和高精度硬磁盘的加工等；精密特种加工，如电子束、离子束加工使超大规模集成电路线宽达 $0.1\mu m$（20 世纪 80 年代水平），此外，还有光刻技术等。

1. 金刚石镜面切削

超精密切削是指用单晶金刚石刀具进行的超精密加工。因为很多精密零件是用有色金属制成的，难以采用超精密磨削加工，所以只能运用超精密切削加工。金刚石具有很高的硬度，是最佳的切削工具材料。金刚石结晶原子间的结合力非常坚固，并有良好的刃磨工艺性。制作刀具时，可使刀尖圆弧半径达到 $3nm$（$0.003\mu m$），利用这样锋利的刀具切削，可使变形、加工变质层和加工表层的流动状态减小。金刚石刀具的设计，也不同于各类普通车刀。由于金刚石的脆性，为增加刀具强度，应采用较小的前角与后角。

在精密和超精密切削加工中，用天然单晶金刚石刀具切削铝、铜、无氧铜或其他软金属材料，已取得尺寸精度为 $0.1\mu m$ 和表面粗糙度 Rz 值为 $0.01\mu m$ 的超精密加工表面。20 世纪 70 年代以后，人们利用高温高压技术，将粉末状的人造金刚石合成了大尺寸聚晶金刚石，成功研制了聚晶金刚石刀具，并具有较好的经济性。但由于聚晶金刚石刀具材料本身的多晶性质，目前，广泛用于普通加工和精密加工，很难用于超精密加工领域。

2. 超精密磨削

超精密磨削是指用精细修整过的砂轮或砂带进行的超精密加工。它是利用大量等高的磨粒微刃，从工件表面切除一层极微薄的材料来达到超精密加工的。它的生产率比一般超精密切削高，尤其是砂带磨削，生产率更高。

3. 超精密研磨

超精密研磨一般是指在恒温的研磨液中进行研磨的方法。由于抑制了研具和工件的热变形，并防止了尘埃和大颗粒磨料混入研磨区，所以可以达到很高的精度，误差在 $0.1\mu m$ 以下和很小的表面粗糙度 Ra 值（$0.025\mu m$ 以下）。

超精密研磨对研具有严格的要求。研具材料可用铸铁、锡、工程塑料和玻璃等。采用铸铁研具能获得较高的生产率与平面度，它适合加工金属零件。

当前适用于超精密加工的材料主要有铝及铝合金、铜及铜合金、无氧铜、银、金、黄铜、非电解镍、硅、氮化硅、碳化硅及碳化钨等，非金属材料有氟化硼、氟化钨、单晶锗、多晶锗、光学玻璃及塑料。

此外，进行精密和超精密加工，不但要有高精度、高刚度的设备，相应的测量技术和测量装置，而且还要有良好的工作环境，例如室内恒温、空气净化和地基防振等。

3.6.4　微细加工

微细加工是指进行微小尺寸的加工，与一般的尺寸加工不同。微细加工必须用尺寸的绝对值表示。对微细加工来说，加工单位的现实限度可能是分子或原子。精密加工和超精密加工不仅包括大尺寸也包括微小尺寸加工，而微细加工则只对微小尺寸加工。一般将微细尺寸（1μm）的超精密加工称为微细加工。

微细加工方法有电子束加工、离子束加工和光刻蚀加工。精密光刻技术是对金属或非金属材料进行精密加工的有力手段。在集成电路的制作中采用光刻技术，可获得微米级甚至亚微米级的高精度微细线条图形。

3.7　螺纹加工

3.7.1　螺纹的种类与用途

在机械零件中，螺纹应用很广泛。常用螺纹的种类、牙型、螺距及主要用途见表 3-1。

表 3-1　常用螺纹的种类、牙型、螺距及主要用途

种类名称		牙型	螺距 P	主要用途
三角形螺纹	米制螺纹（M）（又称普通螺纹）	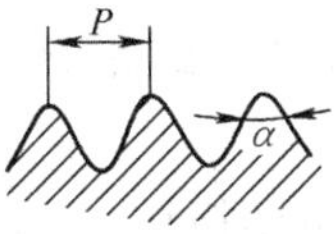 $\alpha=60°$	细牙普通螺纹在标记中直接标出 P；粗牙普通螺纹不标出 P，可查出。单位为 mm	多用于连接件、紧固件，也可用于调节装置
	寸制螺纹	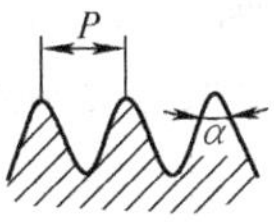 $\alpha=55°$	标记中只标出尺寸代号，可查出每 25.4mm 内的牙数 n	主要用于英制设备的修配
梯形螺纹（Tr）		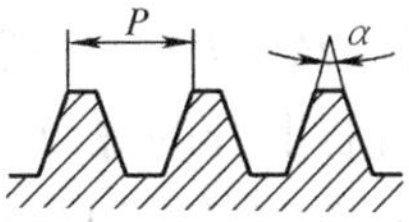 $\alpha=30°$	在标记中直接标出 P，单位为 mm	主要用于传动件，如各种丝杠
模数螺纹（即蜗杆）		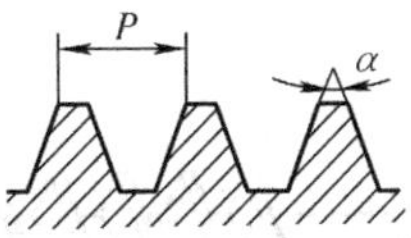 $\alpha=40°$	主要参数为模数 m，$P=\pi m$	用于蜗杆蜗轮传动装置

3.7.2　螺纹的基本概念和基本要素

1. 基本概念

如图 3-55 所示，螺纹的螺旋线可以看做是用直角三角形 ABC 围绕直径为 d_2 的圆柱体旋转一周，斜边 AC 在圆柱表面上所形成的曲线。

在图 3-55 中，ϕ 为螺纹升角，是在中径圆柱上螺旋线的切线与垂直于螺纹轴线的平面

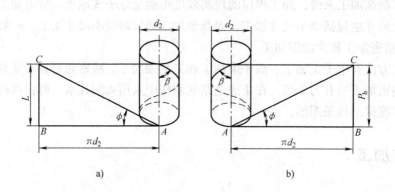

图 3-55　螺旋线的形成及其参数

a）左旋螺旋线　b）右旋螺旋线

的夹角；β 为螺旋角，是螺旋线的切线与螺纹轴线方向的夹角，β 与 ϕ 互为余角；P_h 为导程，是同一条螺旋线绕中径圆柱一周在轴线方向的距离。

2. 螺纹基本要素

螺纹由牙型（牙型角 α 和牙型半角 $\alpha/2$）、中径 d_2、螺距 P（多线螺纹为导程 P_h）、线数 n 和旋向五个要素组成，如图 3-56 所示。

（1）螺纹牙型　螺纹牙型是指在通过螺纹轴线的剖面上，螺纹的轮廓形状。牙型角 α 应对称于轴线的垂线，即两个牙型半角 $\alpha/2$ 必须相等。

（2）中径 d_2　中径是螺纹的牙厚与牙间相等处的圆柱直径，也是螺纹升角所在的直径。中径是螺纹的配合尺寸，相配合的内、外螺纹，其中径尺寸必须相等。

（3）螺距 P　螺距是相邻两牙对应点的轴向距离。

（4）线数 n　线数是螺纹螺旋线的条数。线数分为单线、双线和多线。联接螺纹一般用单线螺纹；多线螺纹传动平稳，轴向移动速度快，主要用于快进、快退机构或蜗杆蜗轮传动机构中。对于单线（$n=1$）螺纹，导程与螺距相等（$P_h=P$），习惯上只称螺距而不提导程。

（5）旋向　螺纹有右旋和左旋之分。螺旋线向右上升的螺纹（即顺时针旋入的螺纹）称为右旋螺纹；反之，则为左旋螺纹。多数情况用右旋螺纹，只有在某些特殊部位（如自行车脚蹬的联接螺纹）才用左旋螺纹。

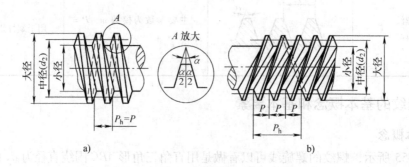

图 3-56　螺纹的五要素

a）单线右旋梯形螺纹　b）三线左旋梯形螺纹

3.7.3　常用加工方法

根据螺纹的种类和精度要求，常用的螺纹加工方法有攻螺纹、套螺纹、车螺纹、铣螺纹和磨螺纹等。此外也可采用滚压方法加工螺纹。

1. 攻螺纹和套螺纹

攻螺纹是用丝锥加工尺寸较小的内螺纹。单件小批生产中，可以手用丝锥手工攻螺纹（图 3-57a）；当批量较大时，则在车床、钻床或攻螺纹机上用丝锥攻螺纹。套螺纹是用板牙加工尺寸较小的外螺纹，螺纹直径一般不超过 16mm，它既可以手工操作（图 3-57b），也可在机床上进行。

攻螺纹和套螺纹的加工精度较低，主要用于精度要求不高的普通螺纹加工。

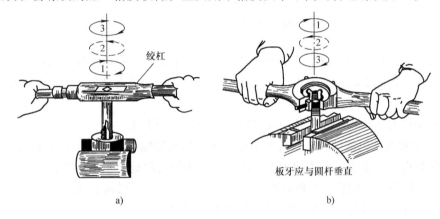

图 3-57　攻螺纹和套螺纹

2. 车螺纹

车螺纹是在卧式车床上用螺纹车刀进行加工的，可用来加工各种形状、尺寸及精度的内、外螺纹，特别适于加工尺寸较大的螺纹。用螺纹车刀（图 3-58）车螺纹，刀具简单，适用性广，可以使用通用设备，且能获得较高精度的螺纹；但生产率低，加工质量取决于工人的技术水平以及机床、刀具本身的精度，所以主要用于单件小批生产。

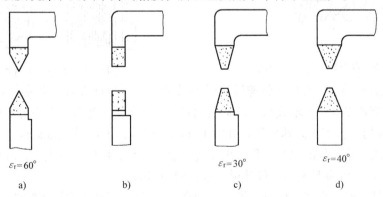

图 3-58　几种常见的螺纹车刀

a）普通螺纹车刀（$\varepsilon_r = 60°$）　b）方牙螺纹车刀　c）梯形螺纹车刀（$\varepsilon_r = 30°$）

d）模数螺纹车刀（$\varepsilon_r = 40°$）

当生产批量较大时，为了提高生产率，常采用螺纹梳刀（图3-59）车螺纹。螺纹梳刀实质上是多把螺纹车刀的组合，一般一次进给就能切出全部螺纹，因而生产率很高。但螺纹梳刀只能加工低精度螺纹，且螺纹梳刀制造困难。

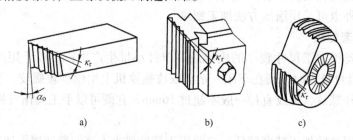

图 3-59　螺纹梳刀

a）平体螺纹梳刀　b）棱体螺纹梳刀　c）固体螺纹梳刀

3. 铣螺纹

铣螺纹是用螺纹铣刀切出工件上的螺纹，多用于加工直径和螺距较大的梯形螺纹和模数螺纹，一般在专门的螺纹铣床上进行，生产率较高，常在大批大量生产中作为螺纹的粗加工或半精加工。

根据所用铣刀的结构不同，铣螺纹可以分为如下三种方法：

（1）盘形螺纹铣刀铣螺纹　在普通万能铣床上用盘形螺纹铣刀铣削梯形螺纹，如图3-60所示。工件装夹在分度头与尾座顶尖上，用万能铣头使刀轴处于水平位置，并与工件轴线呈螺纹升角 ϕ。铣刀高速旋转，工件在沿轴向移动一个导程的同时需转动一周。这一运动关系是通过纵向工作台丝杠与分度头之间的交换齿轮予以保证的。

（2）梳形铣刀铣螺纹　梳形螺纹铣刀实质上是若干把盘形螺纹铣刀的组合，在专用螺纹铣床上加工，如图3-61所示。梳形铣刀铣螺纹时，生产率很高，但加工精度较低。

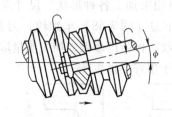
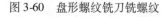

图 3-60　盘形螺纹铣刀铣螺纹

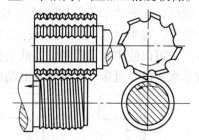

图 3-61　梳形铣刀铣螺纹

（3）旋风式铣螺纹　旋风式铣螺纹如图3-62所示，旋风铣头为一个装有1～4个硬质合金刀头的高速旋转刀盘，其轴线与工件轴线倾斜螺纹升角 ϕ，铣刀盘中心与工件中心有一个偏心距 e。铣削时，铣刀盘高速旋转，并沿工件轴线移动，工件则慢速旋转。工件每转一转时，铣刀盘移动一个工件的螺纹导程。由于铣刀盘中心与工件中心不重合，故切削刃只在其圆弧轨迹的 $1/3～1/6$ 圆弧上与工件接触，进行间断切削。

旋风式铣螺纹时，生产率比盘形铣刀铣削高3～8倍。但旋风式铣螺纹的加工精度不高，故常用于成批和大量生产螺杆或精密丝杠的预加工。

4. 磨螺纹

用单线或多线砂轮来磨削工件的螺纹，称为磨螺纹，常用于淬硬螺纹的精加工，例如丝

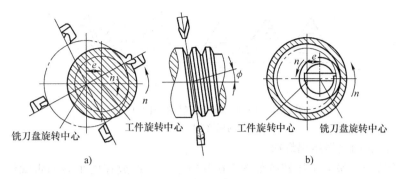

图 3-62　旋风式铣螺纹

a) 铣外螺纹　b) 铣内螺纹

锥、螺纹量规、滚丝轮及精密传动螺杆上的螺纹，为了修正热处理引起的变形，提高加工精度，必须进行磨削。磨螺纹一般在专门的螺纹磨床上进行。螺纹在磨削之前，可以用车、铣等方法进行预加工，对于小尺寸的精密螺纹，也可以不经预加工而直接磨出。

外螺纹的磨削可以用单线砂轮或多线砂轮进行磨削，如图 3-63 所示，单线砂轮磨螺纹，砂轮的修整较方便，加工精度较高，并且可以加工较长的螺纹。而用多线砂轮磨螺纹，砂轮的修整比较困难，加工精度比前者低，且仅适用于加工较短的螺纹。但是用多线砂轮磨削时，工件转 $4/3 \sim 3/2$ 转就可以完成磨削加工，生产率比用单线砂轮磨削高。

直径大于 30mm 的内螺纹，可以用单线砂轮磨削。

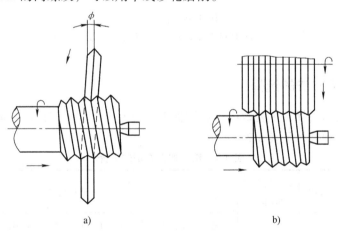

a)　　　　　　　　　　　　　　b)

图 3-63　砂轮磨螺纹

a) 单线砂轮磨螺纹　b) 多线砂轮磨螺纹

3.7.4　其他加工方法

螺纹除采用上述几种切削方法获得外，还可以采用滚压螺纹的方法获得。滚压螺纹是一种无切削加工方法，工件在滚压工具的压力作用下产生塑性变形而压出螺纹，螺纹上的材料纤维未被切断（见图 3-64b），因而强度和硬度都得到了相应的提高。滚压螺纹生产率高，适用于大批大量生产塑性材料的外螺纹。螺纹滚压方法有两种。

（1）搓板滚压　搓板滚压螺纹如图 3-65a 所示，下搓板是固定的，上搓板作往复运动。两搓板的平面均有斜槽，其截面形状与待搓螺纹牙型相等。工件在上下搓板中，当上搓板移

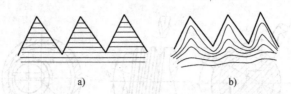

图 3-64 切削和滚压的螺纹断面纤维状态

a）切削的螺纹　b）滚压的螺纹

动时，即在工件表面上挤压出螺纹。

（2）滚轮滚压　滚轮滚压螺纹如图 3-65b 所示，工件放在两个表面带螺纹的滚轮之间。两轮转速相等，转向相同，工件被滚轮带动旋转，由动滚轮作径向进给，从而逐渐挤压出螺纹。

滚轮滚压螺纹的生产率较搓板滚压螺纹低，可用来滚制螺钉、丝锥等。

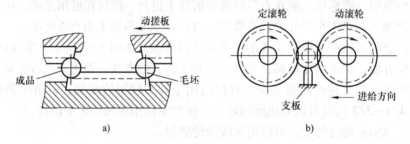

图 3-65　滚压螺纹

a）搓板滚压螺纹　b）滚轮滚压螺纹

3.7.5　螺纹加工方法的选择

螺纹加工方法的选择，主要取决于螺纹种类、公差等级、生产批量及螺纹件的结构特点等。螺纹加工方法的选择见表 3-2。

表 3-2　螺纹加工方法的选择

加工方法		公差等级[①]	表面粗糙度 $Ra/\mu m$	适用范围
车削螺纹		9 ~ 4	3.2 ~ 0.8	适用于单件小批生产中，加工轴、盘、套类零件与轴线同心的内外螺纹以及传动丝杠和蜗杆等
攻螺纹		8 ~ 6	6.3 ~ 1.6	适用于各种批量生产中，加工各种零件上的螺孔，直径小于 M16 的常用手动，大于 M16 或大批量生产用机动
铣削螺纹		9 ~ 6	6.3 ~ 3.2	适用于大批量生产中，传动丝杠和蜗杆的粗加工和半精加工，也可加工普通螺纹
滚压螺纹	搓板	7 ~ 5	1.6 ~ 0.8	适用于大批量生产中，滚压塑性材料的外螺纹，也可滚压传动丝杠
	滚轮	5 ~ 3	0.8 ~ 0.2	
磨削螺纹		4 ~ 3	0.8 ~ 0.1	适用于各种批量的高精度、淬硬或不淬硬的外螺纹及直径大于 30mm 的内螺纹

① 系指普通螺纹中径的公差等级（GB/T 197—2003）。

3.8　齿轮加工

3.8.1　齿轮的种类与用途

齿轮是机械传动系统中传递运动和动力的重要零件。齿轮应用广泛，结构形式多种多样。常见齿轮传动类型如图 3-66 所示。其中，直齿圆柱齿轮传动、斜齿圆柱齿轮传动和人字齿圆柱齿轮传动用于平行轴之间；螺旋齿轮传动和蜗杆蜗轮传动常用于垂直交错轴之间；内啮合齿轮传动可实现平行轴之间的同向转动；齿轮齿条传动可实现旋转运动和直线移动的转换；直齿锥齿轮传动用于垂直相交轴间的传动。在这些齿轮传动中，直齿圆柱齿轮是最基本的，应用也最为广泛。

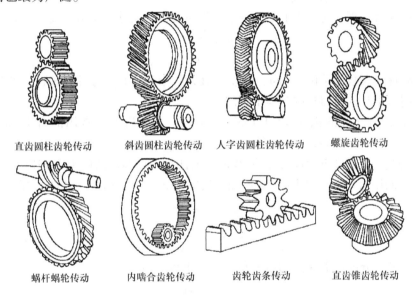

直齿圆柱齿轮传动　　斜齿圆柱齿轮传动　　人字齿圆柱齿轮传动　　螺旋齿轮传动

蜗杆蜗轮传动　　内啮合齿轮传动　　齿轮齿条传动　　直齿锥齿轮传动

图 3-66　常见齿轮传动的类型

为了保证齿轮传动的运转精确，工作平稳可靠，必须选择合适的齿形轮廓曲线。目前齿轮齿形轮廓曲线有渐开线、摆线和圆弧线等，其中渐开线用得最多。

3.8.2　齿轮的基本参数

若一动直线在平面内沿半径为 r_b 的圆作无滑动的纯滚动时，则动直线上任一点 a 的轨迹称为半径为 r_b 圆的渐开线，如图 3-67 所示。半径为 r_b 圆称为基圆，动直线称为发生线。渐开线齿轮的一个轮齿就是由同一基圆形成的两条相反渐开线所组成的，如图 3-68 所示。

1. 直齿圆柱齿轮的主要参数

模数和压力角是直齿圆柱齿轮的两个基本参数。

（1）模数 m　如图 3-69 所示，在标准渐开线齿轮中，齿厚 s 与齿间距 e 相等的圆称为分度圆，其直径以 d 表示。在分度圆上相邻两齿对应点之间的弧长，称为分度圆周节，以 p 表示。

当齿轮的齿数为 z 时，分度圆直径 d 和周节 p 有如下关系

$$\pi d = pz$$

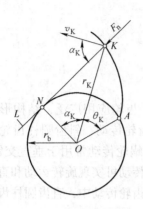

图 3-67　渐开线的形成

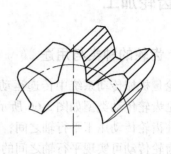

图 3-68　渐开线齿形

由于式中含有无理数 π，为了在计算中使齿轮各部分尺寸为整数或简单小数，令

$$p/\pi = m$$

则

$$d = mz$$

式中，m 称为模数，单位为 mm。模数 m 在设计中是齿轮尺寸计算和强度计算的一个基本参数，在制造中是选择刀具的基本依据之一。

模数 m 的数值已标准化（GB/T 1357—2008），一般机械中常用的有 1mm、1.25mm、1.5mm、2mm、2.5mm、3mm、4mm 等。

（2）压力角　如图 3-70 所示，渐开线齿形上任意一点 K 的法向力 F 和速度 v_K 之间的夹角，称为 K 点的压力角 α_K。由图 3-70 可知：法向力 $F \perp OG$，速度 $v_K \perp OK$，故

$$\alpha_K = \angle KOG$$

$$\cos\alpha_K = \frac{r_b}{r_K}$$

同理，齿形在分度面上 A 点的压力角 $\alpha = \angle AOB$，则

$$\cos\alpha = \frac{r_b}{r}$$

式中　r_K、r——渐开线上 K 点及 A 点的向量半径；

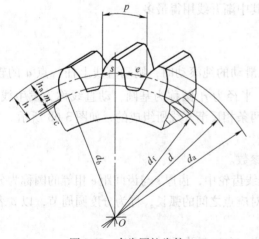

图 3-69　直齿圆柱齿轮

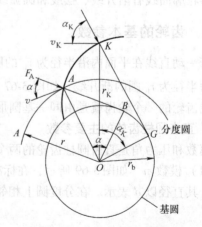

图 3-70　渐开线的压力角

　　　　r_b——产生渐开线的基圆半径。

　　由上述可知，渐开线上各点的压力角不等。基圆上压力角为零，齿顶圆上的压力角最大。分度圆上 A 点的压力角为刀具齿形角，称为标准压力角，常取 $\alpha = 20°$。

　　渐开线齿轮正确啮合的基本条件是两齿轮的模数 m 和压力角 α 应分别相等。齿形加工时，刀具的模数 m 和压力角 α 必须与被加工齿轮一致。

　　2. 圆柱齿轮的精度简介

　　在 GB/T 10095.1 ~ 2—2008 标准中，对齿轮精度规定了 13 个等级，其中 0 级是最高的精度等级，而 12 级是最低的精度等级。

　　虽然各种机械上齿轮转动的用途不同，要求不一样，但归纳起来有如下四项：

　　（1）传递运动的准确性　　即要求齿轮在一转范围内，最大转角误差限制在一定的范围内，以保证传递运动的准确性。

　　（2）传动的平衡性　　即要求齿轮传动瞬时传动比的变化不能过大，以免引起冲击，产生振动和噪声，甚至导致整个齿轮的破坏。

　　（3）载荷分布的均匀性　　即要求齿轮啮合时，齿面接触良好，以免引起应力集中，造成齿面局部磨损，影响齿轮的寿命。

　　（4）传动侧隙　　即要求齿轮啮合时，非工作齿面间应具有一定的间隙，以便储存润滑油，补偿因温度变化和弹性变形引起的尺寸变化以及加工和安装误差的影响。否则，齿轮传动在工作中可能卡死或烧伤。

　　齿轮的精度等级应根据传动的用途、使用条件、传动功率、圆周速度等条件选择。常用的机械齿轮精度等级选择范围见表 3-3。

表 3-3　常用机械齿轮精度等级选择范围

常用机械齿轮应用范围	精度等级	常用机械齿轮用于范围	精度等级
测量齿轮	3 ~ 5	重型汽车	6 ~ 9
精密切削机床	3 ~ 7	拖拉机	6 ~ 10
一般切削机床	5 ~ 8	一般减速器	6 ~ 8
轻型汽车	5 ~ 8	起重机械	6 ~ 9

3.8.3　常用齿轮加工方法

　　齿轮的种类很多，最常用的是直齿和螺旋齿圆柱齿轮，而常用的齿形曲线是渐开线，渐开线齿轮的加工分为成形法和展成法两大类。成形法是用与被切齿轮的齿间法向截面形状相同的成形刀具切出齿形的方法，常见的有铣齿、拉齿等；展成法是利用齿轮刀具与被切齿轮保持啮合运动关系而切出齿形的方法，常见的有插齿和滚齿等。

　　1. 铣齿

　　铣齿属于成形法加工，一般用成形铣刀在万能铣床上加工齿轮齿形。通常模数 $m < 8mm$ 的齿轮，用盘形模数铣刀在卧式铣床上加工（见图 3-71a）；模数 $m > 8mm$ 的齿轮，用指形模数铣刀在立式铣床上加工（见图 3-71b）。

　　根据渐开线的形成原理可知，渐开线齿形与模数和齿数有关。为了铣出准确的齿形，每种模数、齿数的齿轮，就必须采用相应的铣刀来加工，这样既不经济也不便于刀具的管理，所以在实际生产中将同一模数的齿轮，按其齿数划分为 8 组或 15 组，每组采用同一把铣刀加工，该铣刀齿形按所加工齿数组内的最小齿数齿轮的齿槽轮廓制作，以保证加工出的齿轮在啮合时不会产生干涉（卡住）。

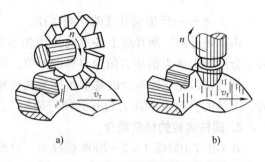

图 3-71　盘形和指形模数铣刀铣齿轮

铣齿的工艺特点如下：

（1）成本低　铣齿可以在一般的铣床上进行，刀具也比其他齿轮刀具简单，因而加工成本低。

（2）加工精度低　由于铣刀分成若干组，齿形误差较大，且铣齿时采用通用附件分度头进行分度，分度精度不高，会产生分度误差，再加上铣齿时产生的冲击和振动，造成铣齿的加工精度较低。

（3）生产率低　铣齿时，每铣一个齿槽都要重复进行切入、切出、退刀和分度等工作，消耗的辅助时间长，故生产率低。

因此铣齿仅适用于单件小批生产或维修工作中加工 9 级精度以下的低速齿轮，有时也用于齿形的粗加工。但铣齿不仅可以加工直齿、斜齿和人字齿圆柱齿轮，而且还可以加工齿条和锥齿轮等。

2. 插齿

插齿属于展成法加工，用插齿刀在插齿机上加工齿轮的齿形，它是按一对圆柱齿轮相啮合的原理进行加工的。如图 3-72 所示，相啮合的一对圆柱齿轮，若其中一个是工件，另一个用高速钢制成，并于淬火后在轮齿上磨出前角和后角，形成切削刃，再具有必要的切削运动，即可在工件上切出齿形来，这就是加工齿轮用的插齿刀。

插齿需要下列五个运动（见图 3-73）：

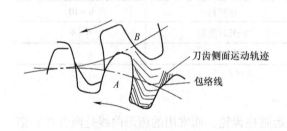

图 3-72　插齿的加工原理

A—被切齿轮　*B*—插齿刀

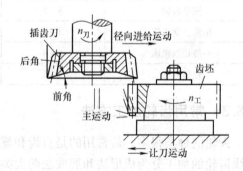

图 3-73　插齿加工

（1）主运动　插齿刀的上下往复运动称为主运动。向下是切削行程，向上是返回空行程。插齿速度以每分钟往复行程次数来表示（str/min）。

（2）分齿运动　强制插齿刀与齿轮坯之间保持一对齿轮啮合关系的运动称为分齿运动。即

$$\frac{n_{刀}}{n_{工}} = \frac{z_{工}}{z_{刀}}$$

式中　$n_刀$、$n_工$——插齿刀和被切齿轮的转速（r/min）；

　　　$z_刀$、$z_工$——插齿刀和被切齿轮的齿数。

（3）圆周进给运动　在分齿运动中，插齿刀的旋转运动称为圆周进给运动。插齿刀每往复行程一次，在其分度圆周上所转过的弧长称为圆周进给量（mm/str）。它决定每次行程金属的切除量和形成齿轮包络线的切线数目，直接影响齿面的表面粗糙度。

（4）径向进给运动　在插齿开始阶段，插齿刀沿齿轮坯半径方向的移动称为径向进给运动。其目的是使插齿刀逐渐切至全齿深，以免金属切除量过大而损坏刀具。径向进给量（mm/str）是插齿刀上下往复一次径向移动的距离。当切至全齿深时，径向进给运动停止，分齿运动仍继续进行，直至加工完成。

（5）让刀运动　为了避免插齿刀在返回行程中，刀齿和后刀面与工件的齿面发生摩擦，在插齿刀返回时，工件必须让开一段距离；当切削行程开始前，工件又恢复原位，这种运动称为让刀运动。

插齿主要用于加工内、外直齿圆柱齿轮以及相距很近的双联或多联齿轮。若在插齿机上安装附件，还可以加工内、外螺旋齿轮，但仅适用于大批大量生产。

3. 滚齿

滚齿也属于展成法加工，是用齿轮滚刀在滚齿机上加工齿轮的轮齿，它是按一对螺旋齿轮相啮合的原理进行加工的，如图 3-74 所示。相啮合的一对螺旋齿轮，当其中一个螺旋角很大、齿数很少（一个或几个）时，其轮齿变得很长，形成了蜗杆形。若这个蜗杆用高速钢等刀具材料制成，并在其螺纹的垂直方向开出若干个容屑槽，形成刀齿及切削刃，它就变成了齿轮滚刀（见图 7-75）。

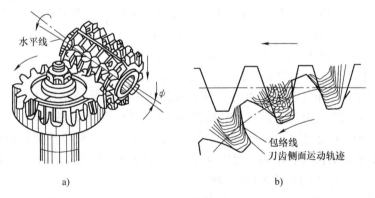

a)　　　　　　　　　　　　　b)

图 3-74　滚齿的加工原理

a）滚切齿轮　b）滚齿时渐开线齿形的形成

滚切齿轮需要有以下三个运动：

（1）主运动　滚刀的高速旋转运动称为主运动，用转速 $n_刀$（r/min）表示。

（2）分齿运动　强制齿轮坯与滚刀之间保持一对螺旋齿轮啮合关系的运动称为分齿运动，即

$$\frac{n_刀}{n_工} = \frac{z_工}{k}$$

式中　$n_刀$、$n_工$——滚刀和被切齿轮的转速（r/

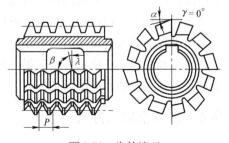

图 3-75　齿轮滚刀

min）；

k——齿轮滚刀的头数；

$z_\text{工}$——被切齿轮的齿数。

（3）垂直进给运动　为了在齿轮的全齿宽上切出齿形，齿轮滚刀需要沿工件的轴向向下作移动，即为垂直进给运动。工件每转一转齿轮滚刀移动的距离，称为垂直进给量。当全部轮齿沿齿宽方向都滚切完毕后，垂直进给停止，加工完成。

加工螺旋齿轮时，除上述三个运动外，在滚切的过程中，工件还需要有一个附加的转动，即根据螺旋齿轮螺旋角 β 和导程 P 的关系，在滚刀垂直进给距离 P 的同时，工件多转或少转一转，这个附加的转动，可以通过调整滚齿机有关交换齿轮而得到。

在滚齿机上用蜗轮滚刀还可滚切蜗轮。

4. 插齿、滚齿与铣齿的比较

1）插齿和滚齿的精度基本相同，且都比铣齿高。插齿刀的制造、刃磨及检验均比滚刀方便，容易制造得较精确，但插齿机的分齿传动链比滚齿机复杂，增加了传动误差。综合两方面，插齿和滚齿的精度基本相同。

由于插齿机和滚齿机的结构与传动机构都是按加工齿轮的要求而专门设计和制造的，分齿运动的精度高于万能分度头的分齿精度。插齿刀和齿轮滚刀的精度也比齿轮铣刀的精度高，不存在像齿轮铣刀那样因分组而带来的齿形误差。因此，插齿和滚齿的精度都比铣齿高。

一般情况下，插齿和滚齿可获得 8 ~ 7 级精度的齿轮，若采用精密插齿或滚齿，可以得到 6 级精度的齿轮，而铣齿仅能达到 9 级精度。

2）插齿齿面的表面粗糙度 Ra 值较小。插齿时，插齿刀沿齿宽连续地切下切屑，而在滚齿和铣齿时，轮齿宽是由刀具多次断续切削而成的，并且在插齿过程中，包络齿形的切线数量比较多，所以插齿的齿面表面粗糙度 Ra 值较小。

3）插齿的生产率低于滚齿而高于铣齿。插齿的主运动为往复直线运动，插齿刀有空行程，所以插齿的生产率低于滚齿。此外，插齿和滚齿的分齿运动是在切削过程中连续进行的，省去了铣齿时的单独分度时间，所以插齿和滚齿的生产率都比铣齿高。

4）插齿刀和齿轮滚刀加工齿轮齿数范围较大。插齿和滚齿都是按展成原理进行加工的，同一模数的插齿刀或齿轮滚刀，可以加工模数相同而齿数不同的齿轮，不像铣齿那样，每个刀号的铣刀适于加工的齿轮齿数范围较小。

在齿轮齿形的加工中，滚齿应用最为广泛，它不但能加工直齿圆柱齿轮，还可以加工螺旋齿轮、蜗轮和轴向尺寸较大的齿轮轴等，但一般不能加工内齿轮和相距很近的多联齿轮。插齿的应用也比较广，它可以加工直齿和螺旋齿圆柱齿轮，但生产率没有滚齿高，多用于加工用滚刀难以加工的内齿轮、相距较近的多联齿轮或带有台肩的齿轮等。

尽管滚齿和插齿所使用的刀具及机床比铣齿复杂、成本高，但由于加工质量好，生产率高，在成批和大量生产中仍可收到很好的经济效果。有时在单件小批生产中，为了保证加工质量，也常常采用插齿或滚齿加工。

3.8.4　齿形精加工方法

插齿和滚齿一般加工 8 ~ 7 级的齿轮，对于 7 级精度以上或经淬火的齿轮，在插齿、滚齿加工之后，还需要进行精加工。齿形精加工的方法有剃齿、珩齿、磨齿和研齿等。

1. 剃齿

剃齿是用剃齿刀在剃齿机上进行的，主要用于加工插齿或滚齿后未经淬火的直齿和螺旋齿圆柱齿轮，精度可达 7~6 级，表面粗糙度 Ra 值为 $0.8~0.4\mu m$。

如图 3-76 所示，剃齿属展成法加工，剃齿刀（见图 3-76b）的外形很像一个斜齿圆柱齿轮，精度很高，并在齿面上开出许多小沟槽，以形成切削刃。剃齿时，工件与剃齿刀啮合并直接由剃齿刀带动旋转，是一种"自由啮合"的展成法加工。剃齿刀齿面上众多的切削刃从工件齿面上剃下细丝状的切屑。

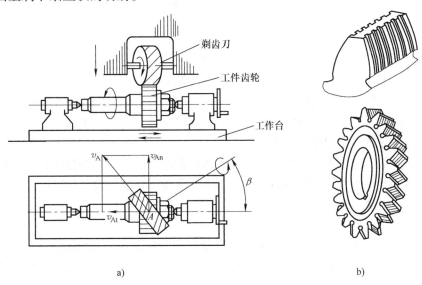

图 3-76　剃齿刀与剃齿
a）剃齿　b）剃齿刀

当剃直齿圆柱齿轮时，剃齿刀与工件之间的位置关系及运动情况如图 3-76a 所示。为了保证剃齿刀与工件正确地啮合，剃齿刀轴线必须与工件轴线倾斜一个剃齿刀的螺旋角 β，这样，剃齿刀在 A 点的圆周速度 v_A 可分解为沿工件圆周切线的分速度 v_{An} 和沿工件轴线的分速度 v_{At}。v_{An} 使工件旋转，v_{At} 为剃齿刀与工件齿面间的相对滑动速度，即剃削时的切削速度。为了能沿轮齿齿宽进行剃削，工件由工作台带动作往复直线运动。在工作台的每一往复行程终了时，剃齿刀需作径向进给，以便剃去全部余量。剃齿过程中，剃齿刀时而正转，时而反转，正转时剃轮齿的一个侧面，反转时剃轮齿的另一个侧面。

剃齿主要是提高齿形精度和齿向精度，减小齿面的表面粗糙度 Ra 值。由于剃齿加工时没有强制性的分齿运动，故不能修正分齿误差。因此，剃齿前的齿轮多采用分齿精度较高的滚齿加工。剃齿的生产率很高，多用于大批大量生产。

2. 珩齿

珩齿是用珩磨轮在珩齿机上进行的一种齿形精加工方法，其原理和方法与剃齿相同，主要用于加工经过淬火的齿轮。被加工齿轮齿面粗糙度 Ra 值可达 $0.4~0.2\mu m$。

珩齿所用的珩磨轮（见图 3-77）是用磨料与环氧树脂等浇注或热压而成，是具有很高齿形精度的螺旋齿轮。当模数 $m > 4mm$ 时，采用带金属齿芯的珩磨轮；当模数 $m < 4mm$ 时，

则采用不带齿芯的珩磨轮。

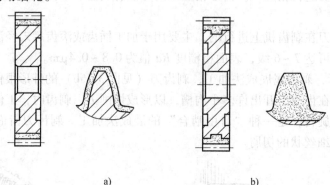

图 3-77　珩磨轮

a）带齿芯　b）不带齿芯

珩齿时，珩磨轮的转速高达 1000～2000r/min，比剃齿刀的转速高得多。当珩磨轮以高速带动工件旋转时，在相啮合的轮齿齿面上产生相对滑动，从而实现切削加工。珩齿具有磨削、剃削和抛光等精加工的综合作用。

珩齿主要用于消除淬火后的氧化皮和轻微磕碰而产生的齿面毛刺与压痕，可有效地减小表面粗糙度值和齿轮噪声，对齿形精度改善不大。珩齿可作为 7 级或 6 级淬火齿轮的最加工工序。加工方案为滚→剃→淬火→珩齿。

3. 磨齿

磨齿是用砂轮在磨齿机上精加工淬火或不淬火的齿轮，加工精度可达 6～4 级，甚至达 3 级，齿面的表面粗糙度 Ra 值为 0.4～0.2μm。按加工原理不同，磨齿可分为成形法磨齿和展成法磨齿两类。

（1）成形法磨齿　成形法磨齿如图 3-78 所示，砂轮磨削部分需修整成与被磨齿槽相吻合的渐开线轮廓，然后对工件的齿槽进行磨削，加工方法与用齿轮铣刀铣齿相似。成形法磨齿生产率较高，但受砂轮修整精度及机床分度精度的影响，它的加工精度较低，一般为 6～5 级，所以实际生产中成形法磨齿应用较少，而展成法磨齿应用较多。

（2）展成法磨齿　展成法磨齿有锥形砂轮磨齿和双碟形砂轮磨齿两种。

1）锥形（双斜边）砂轮磨齿如图 3-79 所示，砂轮的磨削部分修整成与被磨齿轮相吻合的假想齿条的齿形。磨削时，砂轮与被磨齿轮保持齿条与齿轮的强制啮合运动关系，使砂轮锥面包络出渐开线齿形。为了在磨齿机上实现这种运动，砂轮需作高速旋转，被磨齿轮沿固定的假想齿条向左或向右作往复纯滚动，以实现磨齿展成运动，分别磨出齿槽的两个侧面 1 和 2；为了磨出全齿宽，砂轮沿着齿向还要作往复的进给运动。每磨完一个齿槽，砂轮自动退离工

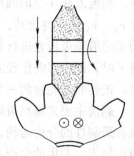

图 3-78　成形法磨齿

件，工件自动进行分度。分度后，砂轮进入下一个齿槽，重新开始磨削，如此自动循环，直到全部齿槽磨削完毕。

2）双碟形砂轮磨齿如图 3-80 所示，将两个碟形砂轮倾斜一定角度，构成假想齿条两个齿的外侧面，同时对两个齿槽的侧面 1 和 2 进行磨削。其加工原理与锥形砂轮磨齿相同。为

了磨出全齿宽，工件沿轴向作往复进给运动。

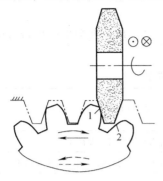
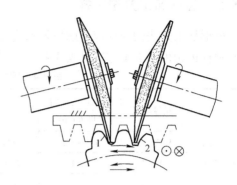

图 3-79　展成法锥形砂轮磨齿　　　　　图 3-80　展成法双碟形砂轮磨齿

　　磨削螺旋齿齿轮相当于斜齿条与螺旋齿轮的啮合运动关系，除上述运动外，工件还需有一个附加旋转运动，以保证齿轮的螺旋角 β。

　　展成法磨齿的生产效率低于成形法磨齿，但加工精度高，可达 6~4 级，表面粗糙度 Ra 值在 0.4μm 以下。展成法磨齿是齿面要求淬火的高精度直齿和螺旋齿圆柱齿轮常用的加工方法，内齿轮磨床上利用成形法可磨削内齿轮。

4. 研齿

　　研齿是用研磨轮在研齿机上对齿轮进行精加工的方法，加工原理是使工件与轻微制动的研磨轮作无间隙的自由啮合，并在啮合的齿面间加入研磨剂，利用齿面的相对滑动，从被研齿轮的齿面上切除一层极薄的金属，达到减小表面粗糙度 Ra 值和校正齿轮部分误差的目的。

　　研齿的加工原理如图 3-81 所示，工件放在三个研磨轮之间，同时与三个研磨轮啮合。研磨直齿圆柱齿轮时，三个研磨轮中，一个是直齿圆柱齿轮，另两个是螺旋角相反的斜齿圆柱齿轮。研齿时，工件带动研磨轮旋转，并沿轴向作快速往复运动，以便研磨全齿宽。研磨一定时间后，改变旋转方向，研磨另一齿面。

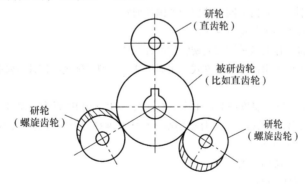

图 3-81　研齿

　　研齿对齿轮精度的提高作用不大，它能减小齿面的表面粗糙度 Ra 值，同时能在一定程度上修正齿形、齿向误差，研齿主要用于没有滚齿机、珩齿机或不便磨齿（如大型齿轮）的淬硬齿面的精加工。

3.8.5　齿形加工方法选择

　　齿形加工方法的选择应考虑齿轮精度等级、结构、形状、热处理和生产批量等因素。常用的圆柱齿轮齿形加工方案见表3-4。

表3-4　圆柱齿轮齿形加工方案

加工方案		精度等级	齿面的表面粗糙度 $Ra/\mu m$	适　用　范　围
成形法铣齿		9级以下	6.3～3.2	单件小批生产中加工直齿和螺旋齿轮及齿条
展 成 法	滚齿	8～7	3.2～1.6	各种批量生产中加工直齿、斜齿外啮合圆柱齿轮和蜗轮
	插齿	8～7	1.6	各种批量生产中加工内、外圆柱齿轮、双联齿轮、扇形齿轮、短齿条等，但插斜齿轮只适用于大批量生产
	剃齿	7～6	0.8～0.4	大批量生产中滚齿或插齿后未经淬火的齿轮精加工
	珩齿	7～6	1.6～0.4	大批量生产中高频淬火后齿形的精加工
	磨齿	6～3	0.8～0.2	单件小批生产中淬硬或不淬硬齿形的精加工
	研齿		0.4～0.2	淬硬齿轮的齿形精加工，可有效地减少齿面的 Ra 值

复习思考题

　　1. 车削细长轴时，常采用哪些措施提高加工质量？

　　2. 车床上钻孔和钻床上钻孔有什么不同？钻深孔应采用哪种方式？

　　3. 指出下列情况的孔加工应选用的机床类型：

　　（1）大型铸件上的螺栓孔。

　　（2）铸件上加工两个具有位置精度要求的孔。

　　（3）检修机床时，需要在床身上加工定位销孔。

　　（4）在薄板上加工 ϕ60mm 的孔。

　　4. 为什么拉孔的精度和生产率都很高？在单件小批生产中为什么很少采用拉孔？

　　5. 刨床和插床的切削运动有何不同？其应用范围如何？

　　6. 分析比较刨削和铣削的工艺特点及应用场合。

　　7. 什么是端铣和周铣？什么是顺铣和逆铣？它们各有什么特点？

　　8. 大型铸造毛坯的平面采用何种铣削方式？用周铣加工小型有硬皮的铸件或锻件毛坯的平面采用何种铣削方式？为什么？

　　9. 为什么磨削温度高？磨削温度高对加工质量有什么影响？如何降低磨削温度？

　　10. 磨削为什么能加工淬硬的材料？为什么磨削工件的精度高、表面粗糙度值小？

　　11. 螺纹的五要素是指什么？

　　12. 指出下列零件螺纹的加工方法：

　　（1）2 000 个 M10 的六角螺母。

　　（2）10 000 个内六角圆柱头螺钉。

　　（3）10 个 M10×1 的紧固螺钉。

　　（4）加工车床丝杠，数量3件。

　　13. 成形法和展成法加工齿形的原理有什么不同？

　　14. 齿轮铣刀为什么分成 8 个刀号？不同的刀号有什么区别？为什么铣齿的精度低？

　　15. 某级精度的内齿轮、扇形齿轮、多联齿轮、蜗轮和短齿条应如何加工？

16. 为下列齿轮的齿形选择合适的加工方法和加工顺序：

（1）8 级精度的直齿圆柱齿轮，1 件，1000 件。

（2）7 级精度的斜齿圆柱齿轮，5 件，1000 件。

（3）6 级精度的直齿圆柱齿轮，5 件，1000 件。

（4）6 级精度的直齿圆柱齿轮，齿面要求高频淬火，1 件，1000 件。

（5）7 级精度的齿轮轴，5 件，1000 件。

第4章 零件结构工艺性

本章介绍零件结构工艺性的概念，以及设计零件结构时应注意的一些问题，通过部分典型实例对零件结构的合理性进行了分析。学习本章的主要目的，是掌握切削加工工艺性和装配工艺性对零件结构的基本要求，以便设计零件时既能保证零件的使用要求，又能满足零件加工和装配的工艺要求。

4.1 结构工艺性概述

零件的结构工艺性是指零件制造的难易程度，即零件的结构是否便于制造、装配和拆卸。它是评价零件结构设计优劣的重要指标之一。具有良好结构工艺性的零件，能在满足使用要求的前提下，可以比较高效率、低消耗、低成本的加工出来。

零件结构工艺性的优劣是相对的，不是一成不变的。它与生产批量、生产条件、加工方法、工艺过程和技术水平等因素密切相关，它将随着科学技术的发展和新工艺方法的不断出现而变化。

设计零件结构一般应考虑以下几方面内容：

（1）所设计零件的结构应满足使用要求　这是考虑零件结构工艺性的前提，如果不满足使用要求，零件的结构工艺性再好也毫无意义。

（2）零件的结构工艺性必须综合考虑　产品及零件的制造包括毛坯生产、切削加工、热处理和装配调试等多个阶段，在设计零件的结构时，应尽可能使各个阶段都具有良好的工艺性。如果不能兼顾，也要分清主次，保证主要方面，照顾次要方面。因此，设计者应具备全面的机械制造工艺知识，并有较为丰富的实践经验。

（3）要根据生产条件考虑零件的结构工艺性　生产条件不同，零件的结构工艺性差异就较大。生产条件是指生产设备、生产类型等。如有时在单件小批生产时具有良好工艺性的结构，但在大批量生产时会变得不好。

（4）零件结构工艺性好坏是相对的　随着科学技术的发展以及新的工艺方法的出现，原来认为不易加工的某些结构会变得容易加工。

4.2 零件结构的切削加工工艺性

零件结构的切削加工工艺性是指所设计的零件在满足使用性能要求的前提下，其切削成形的可行性和经济性，即切削成形的难易程度。机器中大部分零件的尺寸精度、表面粗糙度、几何精度，最终要靠切削加工来保证。因此，在设计需要进行切削加工的零件结构时，还应考虑切削加工工艺性的要求。

1. 零件结构设计应遵循的原则

1）零件的结构、形状应便于加工、测量，加工表面应尽量简单；尽可能布置在同一平面上或同一轴线上，以利于提高切削效率。

2）不需要加工的毛坯面或要求不高的表面，不要设计成加工面或高精度、小表面粗糙度值要求的表面。

3）零件的结构、形状应能使零件在加工中定位准确，夹紧可靠；有位置精度要求的表面，最好能在一次装夹中加工。

4）零件的结构应有利于使用标准刀具和通用量具，减少专用刀具、量具的设计与制造。同时，应尽量与高效率机床和先进的工艺方法相适应。

2. 应用举例

下面通过举例的形式来说明切削加工工艺性对零件结构的要求。

（1）尽量采用标准化参数

1）如图 4-1a 所示，孔径的公称尺寸及公差都是非标准值。由于零件数量是 200 件，孔的加工应该采用钻—扩—铰的方案。改为标准值后，如图 4-1b 所示，即可使用标准刀具，又可保证质量、提高生产效率，还可实施钻—扩—铰方案。

2）如图 4-2a 所示，设计中的锥孔锥度值和尺寸都是非标准的。既不能采用标准锥度塞规检验，又不能与标准外锥面配合使用。锥度和直径都应采用标准值，图 4-2b 所示为莫氏锥度，图 4-2c 所示为米制锥度。

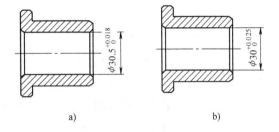

图 4-1　公称尺寸和公差选用标准值

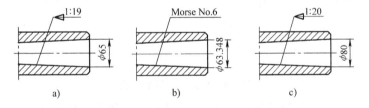

图 4-2　锥度选用标准值

3）螺纹的公称直径和螺距要取标准值，如图 4-3b 所示。这样才能使用标准丝锥和板牙加工，也便于使用标准螺纹规进行检验。

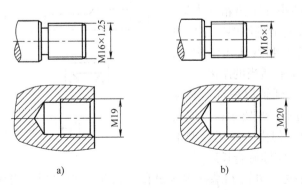

图 4-3　螺纹直径和螺距选用标准值

（2）便于装夹

1）锥度心轴的外锥面需要在车床和磨床上加工，必须有安装卡箍的部位，如图4-4b所示。

2）平板上表面要求刨削时，如图4-5a所示的结构无法用压板夹紧工件；改成图4-5b所示结构后，装夹问题可以解决，同时也便于吊运。

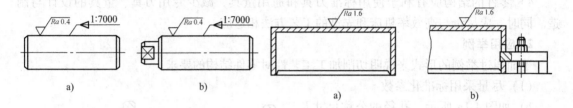

图4-4　锥度心轴的结构　　　　　　　　　图4-5　增加装夹工艺孔

3）电机端盖上标有加工要求的表面，要在一次装夹中加工完成。如图4-6a所示的设计弧面 A 无法用自定心卡盘装夹；改成图4-6b所示结构后，在弧面 A 上均布三个工艺凸台 B 用于装夹。为防止装夹变形，增加了三个筋板 C。

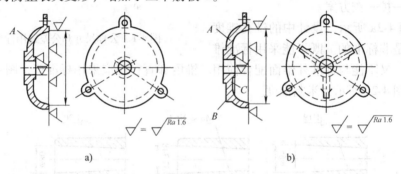

图4-6　端盖类零件的结构

4）车床小滑板下部加工燕尾槽时，图4-7a所示的结构无法稳定装夹工件；改成图4-7b所示的结构后，在车床小滑板上设置工艺凸台，以便加工下部的燕尾槽。加工完毕后，再去掉此凸台。

（3）便于进退刀

1）箱体底板上的小孔距离箱壁太近，如图4-8a所示，钻头向下进给时，钻床主轴会碰到箱壁；改成图4-8b所示结构后，底板上的小孔与箱壁留有适当的距离。

2）螺纹无法加工到轴肩根部，必须设置螺纹退刀槽，如图4-9b所示；改成图4-9c所示结构也可以，但由于螺尾牙型不完整，长度尺寸要大于实际旋合长度。

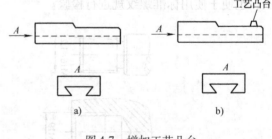

图4-7　增加工艺凸台

3）阶梯轴的轴肩处，外圆和端面要求磨削，必须在轴肩根部设置砂轮越程槽，如图4-10b所示。

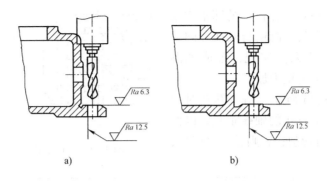

图 4-8　孔距箱壁尺寸的结构

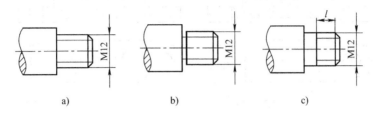

图 4-9　螺纹尾部的结构

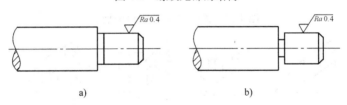

图 4-10　砂轮越程槽

4）需要刨削的两个相交平面，其根部要有退刀槽，如图 4-11b 所示。

5）刨削或插削时，刨刀或插刀要超越加工面一段距离。如图 4-12a 所示零件孔内键槽只需插削一段，应在键槽前端设计一孔（见图 4-12b）或一环形越程槽（见图 4-12c）。

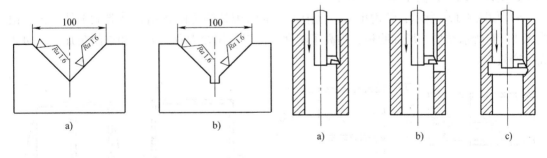

图 4-11　退刀槽　　　　　　　图 4-12　插削越程槽

（4）尽量降低加工难度

1）加工内表面一般比加工外表面困难。如图 4-13a 所示，原设计中的内环形槽较窄，加工起来比较困难，所以应尽量把内表面加工改为外表面加工，既不影响使用，又便于加工，如图 4-13b 所示。

2）如图 4-14a 所示，原设计的凹槽内表面四个侧壁之间为直角，侧壁与底面之间为圆角，用铣削的方法无法实现；改成如图 4-14b 所示结构后，即可铣削加工。

3）如图 4-15a、b 所示，钻头钻孔时切入表面和切出表面应与孔的轴线垂直，以便钻头两个切削刃同时切削；否则钻头易引偏，甚至折断。

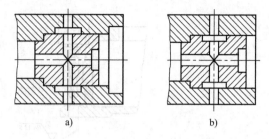

图 4-13　改内表面加工为外表面加工

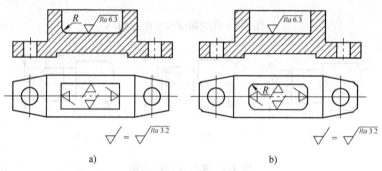

图 4-14　铣削凹槽内表面的结构

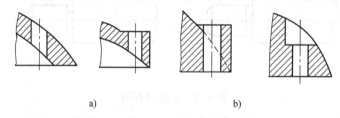

图 4-15　钻头进出表面的结构

4）如图 4-16a 所示，原设计壁厚较薄，易因夹紧力和切削力作用而变形。如图 4-16b 所示，增设凸缘，提高了零件的刚度。

5）如图 4-17a 所示，结构单薄，刨削上平面时因切削力的作用，易造成工件变形；改成图 4-17b 所示结构。增加肋板，提高了刚度，可以采用较大背吃刀量和进给量加工，可提高生产效率。

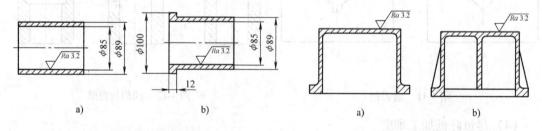

图 4-16　薄壁套的结构　　　　　　图 4-17　零件要有足够的刚度

（5）尽量减少零件装夹和机床调整次数

1）如图 4-18a 所示，设计的两个键槽，加工时需要装夹两次；改成图 4-18b 所示结构后只需要装夹一次。

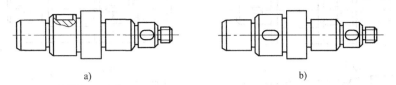

图4-18　轴上多键槽的布局

2）如图4-19a所示，设计一个螺纹孔、一个凸台上斜孔，钻孔时需要装夹两次或扳转一次刀轴；改成图4-19b所示结构后，只需装夹一次。

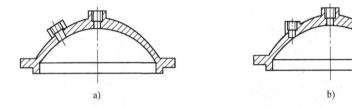

图4-19　轴承盖多孔的结构

3）如图4-20a所示，零件上的两处螺纹的螺距值不一致，在车床上加工时，需要调整两次机床；应改成尽量使同一零件上的螺距值一致，如图4-20b所示。

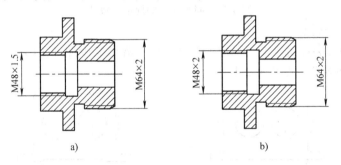

图4-20　轴上内外螺纹的结构

4）零件同一方向的加工面，高度尺寸如果相差不大，尽可能等高，以减少机床的调整次数，如图4-21b所示。

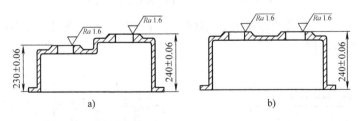

图4-21　加工平面的等高性

5）阶梯轴上的退刀槽宽度、键槽宽度尽可能分别一致，以减少刀具种类，如图4-22b所示。

6）箱体上的螺纹孔种类要尽量减少，以减少钻头和丝锥的种类，如图4-23b所示。

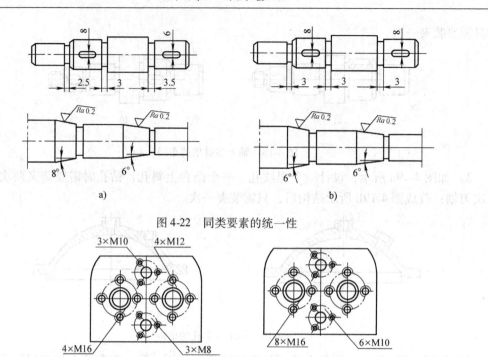

图 4-22　同类要素的统一性

图 4-23　同类要素的规格一致性

（6）减少加工面积

1）箱体底面安装在机座上，只加工部分底面，既可减少加工工时，又提高了底面的接触刚度和定位的准确性，如图 4-24b 所示。

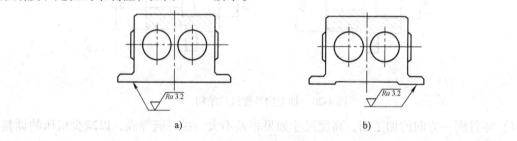

图 4-24　箱体类零件底面加工的结构

2）长径比较大、有配合要求的孔，不应在整个长度上都精加工。如图 4-25b 所示的结构更有利于保证配合精度。

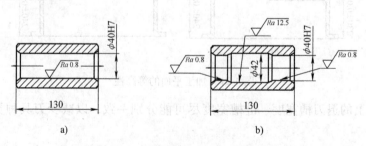

图 4-25　套类零件内表面加工的结构

（7）便于测量　零件的尺寸标注要便于加工和测量。如图 4-25a 所示的标注尺寸 100 ±0.1，不便加工和测量，改成图 4-26b 所示后，由尺寸 140 ±0.05 和尺寸 40 ±0.05 来保证尺寸 100 ±0.1，便于加工和测量。

（8）要保证零件热处理后的质量

1）零件的锐边和尖角，在淬火时容易产生应力集中，造成开裂（见图 4-27a）。因此在淬火前，重型阶梯轴的轴肩根部应设计成圆角，轴端及轴肩上要有倒角（见图 4-27b）。

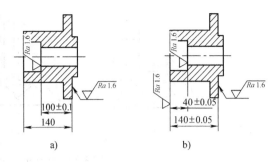

图 4-26　便于尺寸测量的结构

2）零件壁厚不均匀，在热处理时容易产生变形。如图 4-28b 所示，增设一个工艺孔，以使零件壁厚均匀。

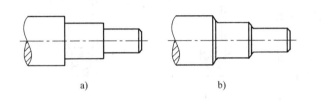

图 4-27　便于热处理的轴肩结构

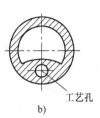

图 4-28　便于热处理的套类结构

4.3　零件结构的装配工艺性

零件结构的装配工艺性是指所设计的零件在满足使用性能要求的前提下，其装配连接的可行性和经济性，或者说机器装配的难易程度。所有机器都是由一些零件和部件装配调试而成的。装配工艺性的好坏，对于机器的制造成本、机器的使用性能以及将来的维修都有很大影响。零部件在装配过程中，应该便于装配和调试，以便提高装配效率。此外，还要便于拆卸和维修。下面举例说明考虑零件结构装配工艺性应注意的问题。

1. 便于装配

1）有配合要求的零件端部应有倒角，以便装配，还能使外露部分比较美观，如图 4-29所示。

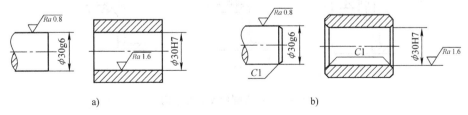

图 4-29　轴、套配合的端部结构

2）圆柱销与不通孔配合，要考虑放气措施。图 4-30b 所示在圆柱销上设置放气孔，图4-30c 所示在壳体上设置放气孔。

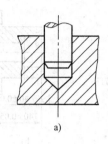 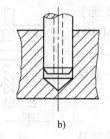 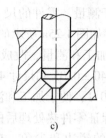

图 4-30　圆柱销与不通孔配合的结构

3）与轴承孔配合的轴径不要太长，否则装配较困难。如图 4-31a 所示，轴承右侧有很长一段与轴承配合的轴径相同的外圆；改成图 4-31b 所示结构后，轴承右侧的轴径长度减小，装配比较容易。

4）互相配合的零件在同一方向上的接触面只能有一对，如图 4-32b 所示。否则，必须提高有关表面的尺寸精度和位置精度，在许多场合，这是没有必要的。

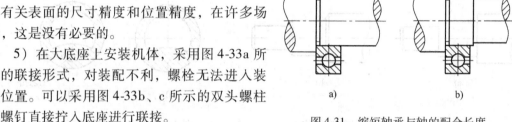

图 4-31　缩短轴承与轴的配合长度

5）在大底座上安装机体，采用图 4-33a 所示的联接形式，对装配不利，螺栓无法进入装配位置。可以采用图 4-33b、c 所示的双头螺柱或螺钉直接拧入底座进行联接。

6）采用螺钉联接，要留出安放螺钉的空间。确定螺栓的位置时，一定要留出扳手的活动空间，如图 4-34b 所示。

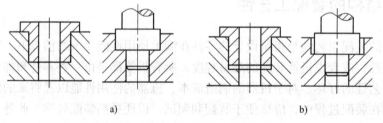

图 4-32　互相配合零件的接触面的数量

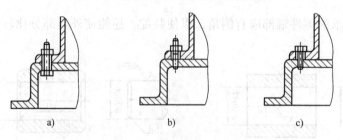

图 4-33　便于螺栓安装的结构

2. 避免箱体内装配

如图 4-35a 所示，由于齿轮直径大于箱体支承孔直径，应先把齿轮放入箱体内，才能安装在轴上，然后再装轴承，装配起来很不方便；改成图 4-35b 所示结构后，使箱体左侧支承

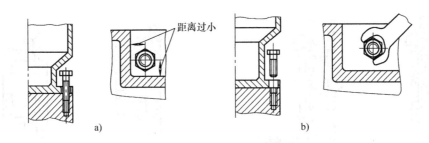

图 4-34 留出合理的扳手空间

孔直径大于齿轮直径，可以在箱体外把轴上零件装在轴上，再装入箱体。

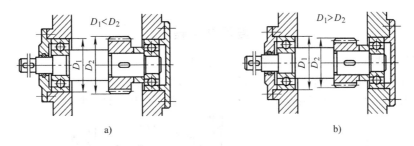

图 4-35 便于组成独立装配单元的结构

3. 便于拆卸

1）如图 4-36a 所示，由于支承孔台肩直径小于轴承外围内径，无法拆卸轴承外圈；改成图 4-36b 所示结构后，使台肩直径大于外圈内径；或设置工艺孔，如图 4-36c 所示，这样才能将轴承外圈拆卸下来。

2）滚动轴承安装在轴上，其内圈外径应高出于轴肩外径，以便轴承拆卸，如图 4-37b 所示。

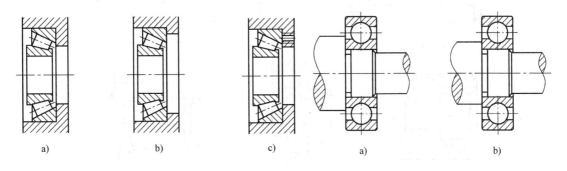

图 4-36 便于拆卸的台肩结构   图 4-37 便于拆卸的轴肩结构

3）由于轴承端盖与箱体支承孔有配合要求，在拆卸轴承端盖时，由于配合面有油，将轴承端盖粘住，不易拆卸。为便于拆卸，在端盖上设 2~3 个工艺螺纹孔，如图 4-38b 所示，拆卸时拧入螺钉，螺钉顶部顶在箱体端面上，把端盖从箱体支承孔内顶出。

4. 应有正确的装配基准

两个有同轴度要求的零件连接时，必须有正确的装配基面。如图 4-39a 所示的结构不合理；改成图 4-39b 所示结构后，靠止口定位，结构合理。

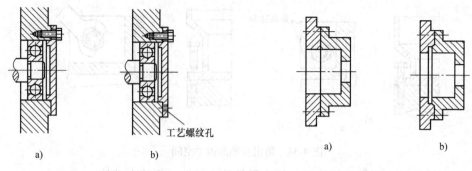

图 4-38　增加工艺螺纹孔　　　　　　　图 4-39　要有正确的装配基准

复习思考题

1. 何谓零件的结构工艺性？它在生产中有何重要意义？

2. 设计零件时，考虑零件结构切削工艺性的一般原则有哪几项？

3. 从零件的切削加工和装配的结构工艺性考虑，试改进图 4-40 所示的零件结构。

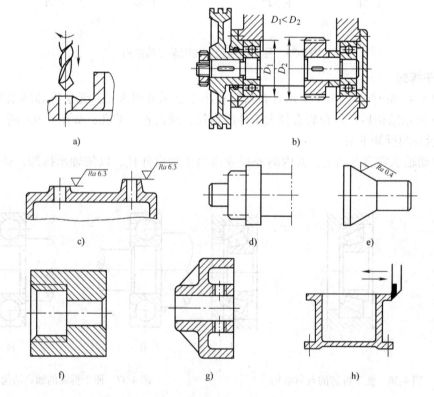

图 4-40　应改进的零件结构

第5章　零件表面加工方案选择

本章是前4章内容的归纳总结和综合运用，是后继学习机械加工工艺知识的基础；加工零件的过程实际上就是加工外圆、内圆（孔）、锥面、平面、螺纹和齿形等常见表面的过程，因此合理选择常见表面的加工方法和正确制订零件加工方案是编制机械加工工艺过程的基础。本章主要介绍外圆、内圆（孔）和平面的加工方案。重点是掌握外圆、内圆（孔）和平面加工方案的选择和应用。

5.1　零件表面加工方案概述

零件一般是由多种表面构成的，要完成零件各个组成表面的加工通常需要选择多种加工方法，表面的技术要求越高所涉及的加工方法就越多；将这些加工方法按一定顺序组合起来，依次对表面进行由粗到精的加工，逐步达到所规定的技术要求，称这种加工方法的组合为加工方案。

零件表面加工方案的选择，要依据表面的尺寸精度和表面粗糙度 Ra 值的要求，零件的结构形状和尺寸大小，热处理状况，材料的性能，以及零件的生产类型等进行选择。

5.1.1　常见表面的技术要求

1. 外圆面的技术要求

（1）尺寸精度　外圆表面有直径、长度的尺寸公差。在大多数情况下，直径尺寸公差等级较高，而长度多为未标注公差尺寸（常用IT14）。

（2）形状精度　对要求较高的外圆表面，常标注圆度、圆柱度等形状公差。

（3）位置精度　主要有与其他外圆面或孔的同轴度公差、与端面的垂直度公差等。

（4）表面质量　主要是表面粗糙度 Ra 值的要求，对某些需要调质或淬火等处理的零件还有强度和表面硬度等要求。

2. 孔（内圆面）的技术要求

（1）尺寸精度、形状精度　孔径和长度的尺寸精度，孔的形状精度如圆度、圆柱度及轴线的直线度等。

（2）位置精度　孔与孔或孔与外圆面的同轴度；孔与孔或孔与其他表面之间的尺寸精度、平行度、垂直度及角度等。

（3）表面质量　主要是表面粗糙度要求。

3. 平面的技术要求

一般平面本身的尺寸精度要求不高，其技术要求主要包括：①尺寸精度，如平面之间的尺寸公差；②形状精度，如平面度和直线度等；③位置精度，如平面之间的平行度、垂直度等；④表面质量，如表面粗糙度、表层硬度、残余应力、显微组织等。

5.1.2　热处理工序

热处理工序的安排，是由热处理的要求、目的及其方法决定的，并与零件的材料性质有关；热处理具体方法的选择及其在加工阶段的工序安排如图 5-1 所示。

（1）预备热处理　目的是改善金属的组织和切削加工性，如退火、正火等；调质也可作为预备热处理，但目的是提高材料的力学性能。

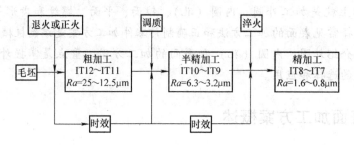

图 5-1　加工阶段热处理的工序安排（图中 Ra 的单位为 μm）

（2）时效处理　目的是消除毛坯制造和切削加工过程中残留在工件内的残留应力，降低对加工精度的影响。

（3）最终热处理　是为了提高零件表层硬度和强度，如淬火、渗氮和调质等。

5.1.3　生产类型

零件表面的加工方案选择与生产类型有关。根据零件的大小和生产纲领的不同，机械制造生产一般分为三种类型，即单件生产、成批生产和大量生产。各种生产类型规范见表 5-1。单件生产是单个生产，很少重复或不重复的生产类型；成批生产是一年中分批轮流地制造，工作地点周期重复；大量生产是产品数量很大，大多数工作地点重复进行。

表 5-1　各种生产类型规范

生产类型		零件的年生产纲领/（件/年）		
		重型机械	中型机械	小型机械
单件生产		<5	<20	<100
成批生产	小批生产	5~100	20~200	100~200
	中批生产	100~300	200~500	500~5000
	大批生产	300~1000	500~5000	5000~50000
大量生产		>1000	>5000	>50000

5.2　外圆加工方案

外圆面是轴、套、盘类零件的主要表面或辅助表面，这类零件在机器中占有相当大的比例。不同零件上的外圆面或同一零件上不同的外圆面，往往具有不同的技术要求，需要结合具体的生产条件，拟定科学合理的加工方案。

加工外圆的切削加工方法有车削、普通磨削、精密磨削、超精加工、研磨等；特种加工方法有旋转电火花和超声波套料等。

5.2.1　外圆面加工方案的分析

外圆表面常用加工方案如图 5-2 所示。按其主干大致可归纳为车削类、车磨类两种加工方案。

1. 车削类方案

（1）粗车—半精车—精车　除淬硬钢外适用于各种零件的加工。当零件的外圆面要求精度低、表面粗糙度值较大时只粗车即可。对于中等精度和表面粗糙度要求高的未淬硬工件的外圆面均可采用此方案，特别是有色金属零件的外圆以及零件结构不宜磨削的外圆（如止口外圆）等。

（2）粗车—半精车—精车—精细车（金刚石车削）　主要适用于加工精度要求较高和表面粗糙度值要求较小的有色金属零件，以及少数零件的精密加工，其中多用于单件小批生产，且不宜加工黑色金属零件。

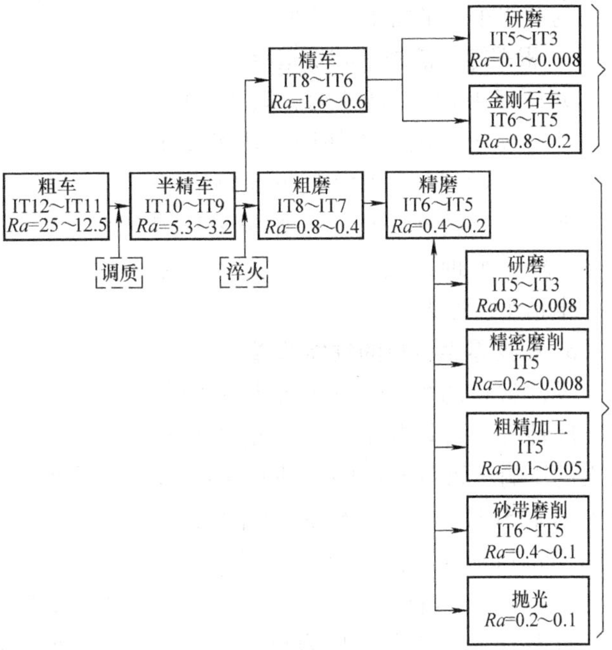

2. 车磨类方案

用于加工除有色金属件以外的、结构形状适宜磨削而精度要求较高和

图 5-2　外圆表面常用加工方案（图中 Ra 的单位为 μm）

表面粗糙度值要求又较小的各类零件的外圆表面，尤其适用于要求淬火处理的外圆。

（1）粗车—半精车—磨削（粗磨或半精磨）　此方案最适于加工精度稍高、表面粗糙度较小且淬硬的钢件外圆面，也广泛地用于加工未淬硬的钢件或铸铁件。

（2）粗车—半精车—粗磨—精磨　此方案的适用范围基本上与（1）相同，只是外圆面要求的精度更高、表面粗糙度值更小，需将磨削分为粗磨和精磨，才能达到要求。

（3）粗车—半精车—粗磨—精磨—研磨（超级光磨或镜面磨削）　此方案可达到很高的精度和很小的表面粗糙度值，适用于零件的精密加工，且多用于单件小批生产。

5.2.2　外圆面加工方案选用实例

学习了解了表面加工方案选择的主要依据以及外圆面加工方案后，如何根据具体条件选择出合理的加工方案？下面以几个比较典型的零件为例，寻找解决这方面问题的思路和方法。

1. 根据表面的形状和尺寸选择

如图 5-3 所示，其上均有 $\phi80h6$、$Ra = 0.8\mu m$ 的外圆，零件的材料和数量也相同。如果仅从尺寸公差等级（IT6）、Ra 值（0.8μm）来看，两者的外圆均可采用车-磨方案，但止口套的外圆只有 5mm 长无法磨削，只能靠车削达到。因此，轴承套 ϕ80h6、$Ra = 0.8$μm 外圆的加工方案为：粗车—半精车—粗磨—精磨；而止口套 ϕ80h6、$Ra = 0.8$μm 外圆的加工方案为：粗车—半精车—精车。

2. 根据零件热处理状况选择

如图 5-4 所示的轴套，现拟加工 ϕ34js7、$Ra = 1.6$μm 的外圆，技术要求为材料整体调质，其加工方案为：粗车—调质—半精车—精车。如果 ϕ34js7 表面淬火处理，其加工方案为：粗车—半精车—淬火—磨削。

3. 根据零件材料的性能选择

零件材料的性能，尤其是材料的韧性、脆性等，对切削加工方法的选择有较大的影响。如图 5-5 所示，同为阀杆零件上的 ϕ25h4、$Ra = 0.05$μm 的外圆，由于图 5-5a 所示的材料为 45 钢，其加工方

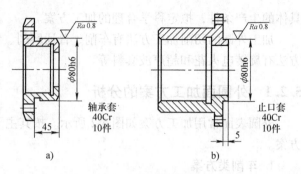

图 5-3 轴承套和止口套
a) 轴承套 b) 止口套

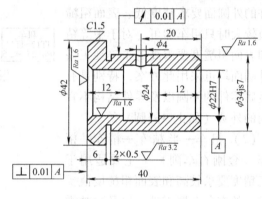

图 5-4 轴套

案为：粗车—半精车—粗磨—精磨—研磨；而图 5-5b 所示的材料为有色金属青铜，塑性较大不宜磨削（其屑末易堵塞砂轮），常用精细车代替磨削，其加工方案为：粗车—半精车—精车—精细车—研磨。

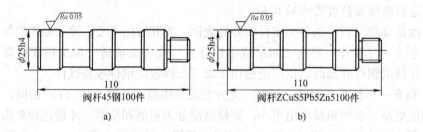

图 5-5 阀杆

4. 齿轮轴加工实例

图 5-6 所示为齿轮轴零件简图。材料为 40Cr，数量 10 件，调质和齿面淬火处理。试选择 ϕ32f7、ϕ28h6、ϕ25h6 外圆和平键键槽 N 的加工方案，并确定所用机床、夹具和刀具。

1）外圆 ϕ32f7（IT7）$Ra = 1.6$μm，40Cr，调质，10 件。根据所给条件尺寸精度和 Ra 值分别只有 IT7 和 1.6μm 应选择的方案是车削类；结合表面 ϕ28h6、ϕ25h6 的加工方案，ϕ32f7 表面也可采用车-磨类方案，精加工-粗磨即可满足要求；调质安排在粗车和半精车之间。因此，ϕ32f7 的加工方案为：粗车—调质—半精车—粗磨（精车）。所用机床为车床和

磨床。由于是轴类零件，车、磨时工件均采用双顶尖装夹。刀具分别是 90°右偏刀和砂轮。

2）外圆 $\phi28h6$、$\phi25h6$，IT6，$Ra = 0.4\mu m$，40Cr，调质，10 件。$\phi28h6$ 与外圆 $\phi32f7$ 一样，只是由于尺寸精度和 Ra 值要求高一些（分别为 IT6 和 $0.4\mu m$），应到精磨为止。因此，$\phi28h6$、$\phi25h6$ 的加工方案为：粗车—调质—半精车—粗磨—精磨。所用机床、装夹方法和刀具均与加工外圆 $\phi32f7$ 相同。

3）齿形 M，$Ra = 1.6\mu m$，齿面淬火处理，渐开线直齿圆柱齿轮。加工时应选用滚齿—齿面淬火—珩齿方案，以消除齿面淬火的误差。

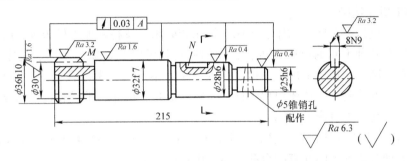

图 5-6　齿轮轴零件简图

4）平键槽 N，槽宽尺寸公差等级为 IT9，槽侧 $Ra = 3.2\mu m$，40Cr，10 件。两端不通的轴上平键键槽应选用铣削加工，采用立式铣床或键槽铣床，用机用虎钳装夹，$\phi8mm$ 的键槽铣刀。

上述分析结果列于表 5-2 中。

表 5-2　齿轮轴有关表面加工方案的选择

序号	表面	加工方案	机床	装夹方法	刀具
1	$\phi32f7$	粗车、调质、半精车、粗磨	车床 磨床	双顶尖	车刀 砂轮
2	$\phi28h6$ $\phi25h6$	粗车、调质、半精车、粗磨、精磨	车床 磨床	双顶尖	车刀 砂轮
3	齿形 M	滚齿、齿面淬火、珩齿	滚齿机 珩齿机	自定心卡盘—顶尖 双顶尖	滚刀、珩磨轮
4	键槽 N	铣键槽	立铣床	机用虎钳	键槽铣刀

5.3　内圆（孔）加工方案

内圆（孔）是组成机械零件的基本表面，尤其是盘套类和支架箱体类零件，孔是重要表面之一。零件上有多种多样的孔，常见的有以下几种：

1）紧固孔（如螺钉孔等）和其他非配合的油孔等。

2）回转体零件上的配合孔，如套筒、法兰盘及齿轮上的孔等。

3）箱体类零件上的孔，如主轴箱箱体上的主轴和传动轴的轴承孔等。这类孔往往构成"孔系"。

4）深孔，即 $L/D > 5 \sim 10$ 的孔，如车床主轴上的轴向通孔等。

5）圆锥孔，如车床主轴前端的锥孔以及装配用的定位销孔等。

从尺寸和结构形状看，有大孔、小孔、微孔、通孔、不通孔、台阶孔和细长孔等；从技术要求看，有高精度孔、中等精度孔和精度要求较低的孔。孔的类型多样化给孔的加工方法带来多样性。这里仅讨论圆柱孔的加工方案。

5.3.1　孔加工方案的分析

1. 孔加工机床选择

孔加工常用机床有车床、钻床、镗床、拉床和磨床以及特种加工机床等，同一种孔的加工，有时可以在几种不同的机床上进行，例如钻孔就可以在钻床、车床、铣床和镗床上进行。大孔和孔系则常在镗床上加工。拟定孔的加工方案时，应考虑孔径的大小和孔的深浅，精度和表面粗糙度等要求；还要根据工件的材料、形状、尺寸、重量和批量以及车间的具体生产条件，考虑孔加工机床的选用。

1）轴、盘、套类轴线位置的孔，一般选用车床（车孔）、磨床加工。在大批大量生产中，盘、套类轴线位置上的通直配合孔，多选用拉床加工。

2）小型支架上的轴承支承孔，一般选用车床利用花盘—弯板装夹加工或选用卧式铣床加工。

3）箱体和大、中型支架上的轴承支承孔，多选用镗（铣）床加工。

4）各种零件上的销钉孔、穿螺钉孔和润滑油孔，一般在钻床上加工。

5）各种小孔、微孔及特殊结构、难加工材料上的孔，应选用特种加工机床加工。

2. 孔加工方案分析

1）若在实体材料上加工孔（多属中、小尺寸的孔），必须先采用钻孔。若是对已经铸出或锻出的孔（多为中、大型孔）进行加工，则可直接采用扩孔或车孔或镗孔。

2）至于孔的精加工，铰孔和拉孔适于加工未淬硬的中、小直径的孔；中等直径以上的孔，可以采用精镗或精磨；淬硬的孔只能用磨削进行精加工。

3）在孔的光整加工方法中，珩磨多用于直径稍大的孔，研磨则对大孔和小孔都适用。

4）孔加工与外圆面加工相比，虽然在切削机理上有许多共同点，但孔加工刀具的尺寸受所加工孔限制，加工孔时刀具又处在工件材料的包围之中，切屑不易排除，因此，加工同样精度和表面粗糙度的孔，要比加工外圆面困难，成本更高。

图 5-7 所示孔的加工方案，可以作为拟定加工方案的依据和参考。

3. 在实体材料上加工孔的典型方案

1）公差等级 IT10 以上的孔用一般的钻孔即可。

2）公差等级 IT9 的孔，如果孔径小于 30mm，可采用钻模钻孔或者钻孔后扩孔；支架箱体类零件上较大孔径一般采用钻孔后镗孔。

3）公差等级 IT8 的孔，当孔径小于 20mm 时，应采用钻孔后铰孔；若孔径大于 20mm，可根据具体条件采用下列几种方案：

钻—扩—铰；钻—拉；钻—粗车—精车；钻—粗镗—精镗。

4）公差等级 IT7 的孔，当孔径小于 12mm 时，一般采用钻孔后进行两次铰孔的方案；孔径大于 12mm 时，可分别应用下列几个方案：

钻—扩（或镗）—粗铰—精铰；钻—粗镗—精镗—精细镗；钻—拉—精拉；钻—粗车—精车—粗磨—精磨；钻—扩（或镗）—粗磨—精磨。

孔的加工方案也很多，如图 5-7 所示。按其主干可归纳成五类：钻扩铰类、镗削类、钻镗磨类、拉削类和特种加工类。选用时要特别注意其适用孔径尺寸以及零件的材质和批量等因素。

钻—扩—铰类方案，用于加工未淬硬的中批生产中的孔以及各种批量的中小孔。

粗镗—半精镗—精镗方案，用于加工除淬硬钢以外的各种金属件上的大孔和孔系，特别是有色金零件孔的精加工，若是箱体类零件上的孔则必须采用镗孔加工方法。

钻—镗（或车）—磨类方案，主要用于加工淬硬和未淬硬零件上高精度的孔，除有色金属材料外的轴、盘套、箱体类金属件零件上高精度孔。

钻—拉方案，多用于大批大量生产中未淬硬钢件、结构适于拉削的孔。一般深径比≤5，孔径为 $\phi 8 \sim \phi 100 \mathrm{mm}$。

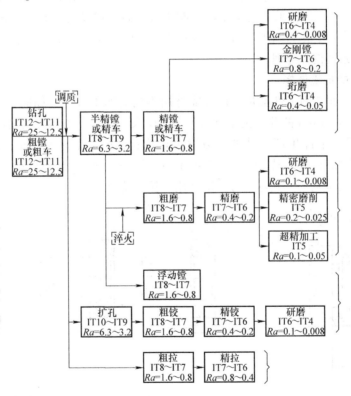

图 5-7　孔的加工方案（图中 Ra 的单位为 μm）

4. 在已有孔的基础上加工孔的方案

铸（锻）件上已铸（锻）出的孔，可直接进行扩孔、镗孔或车孔，至于半精加工、精加工可参照上述方案进行。

5.3.2　孔加工方案选择实例

1. 根据表面的尺寸精度和表面粗糙度 Ra 值选择

表面的加工方案在很大程度上取决于表面本身的尺寸精度和表面粗糙度 Ra 值。因为对于精度较高、Ra 值较小的表面，一般不能一次加工到规定的尺寸，而要划分加工阶段逐步进行，以消除或减小粗加工时因切削力和切削热等因素所引起的变形，从而稳定零件的加工精度。

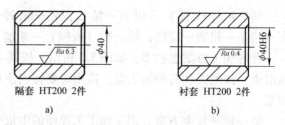

图 5-8 隔套和衬套
a）隔套 b）衬套

如图 5-8 所示，其上均有 $\phi40\text{mm}$ 的内圆。两者虽同属轴套，都装在轴上，且零件的材料、数量都相同，由于图 5-8a 所示的隔套内圆是非配合表面，尺寸公差等级为未注公差尺寸（IT14），$Ra = 6.3\mu\text{m}$；图 5-8b 所示衬套内圆是配合表面，尺寸公差等级为 IT6，$Ra = 0.4\mu\text{m}$，致使两者加工方案不同。

1）隔套 $\phi40$、$Ra = 6.3\mu\text{m}$ 内圆的加工方案为：钻—半精车。

2）衬套 $\phi40\text{H6}$、$Ra = 0.4\mu\text{m}$ 内圆的加工方案为：钻—半精车—粗磨—精磨。

如图 5-9 所示，制订轴承套均布孔 6 个 $\phi10\text{mm}$、表面粗糙度为 $Ra = 0.8\mu\text{m}$ 的加工方案。

加工方案：该 6 个孔为圆周均布且孔径较小，表面粗糙度值要求较小，因此一般采用划线：钻—扩—铰方案较为合理。

2. 根据零件的批量选择

加工同一种表面常因零件批量不同而需选用不同的加工方案。如图 5-10 所示，加工齿轮上 $\phi35\text{H7}$、$Ra = 1.6\mu\text{m}$ 的孔，由于批量不同，所采用加工方法和方案是不同的。图 5-10a 所示为 10 件，属于单件生产，其加工方案可选用：钻—半精车—精车；图 5-10b 所示为 1000 件，属于中批生产，其加工方案可选用：钻—扩—粗铰—精铰；图 5-10c 所示为 100000 件，属于大量生产，其加工方案应选用：拉—精拉。

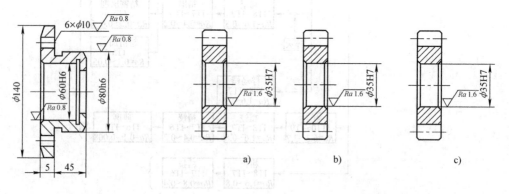

图 5-9 轴承套均布孔

图 5-10 三种不同批量的齿轮
a）10 件 b）1000 件 c）100000 件

5.4 平面加工方案

平面是组成平板、支架、箱体、床身、机座、工作台以及各种多面体零件的主要表面之一。

根据加工时所处位置，平面又分为水平面、垂直面和斜面等。零件上常见的直槽、T

形槽、V 形槽、燕尾槽、平键键槽等沟槽均可以看作是平面（有时也有曲面）的不同组合。

机械零件上常见的平面类型有：

1）非结合面　这类平面只是在外观或防腐蚀需要时才加工。

2）结合面　如零部件的固定连接平面等。

3）导向平面　如机床的导轨面等。

4）精密测量工具的工作面等。

由于平面的作用不同，其技术要求也不相同。

5. 4. 1　平面加工方案的分析

根据平面的技术要求以及零件的结构形状、尺寸、材料和毛坯的种类，结合具体的加工条件（如现有设备等），平面可分别采用车、铣、刨、磨、拉等方法加工。要求更高的精密平面，可以用刮研、研磨等进行光整加工，回转体零件的端面，多采用车削和磨削加工；其他类型的平面，以铣削或刨削加工为主。拉削仅适于在大批大量生产中加工技术要求较高且面积不太大的平面，淬硬的平面则必须用磨削加工。

图 5-11 所示平面的加工方案，可以作为拟定加工方案的依据和参考。具体方案列选如下：

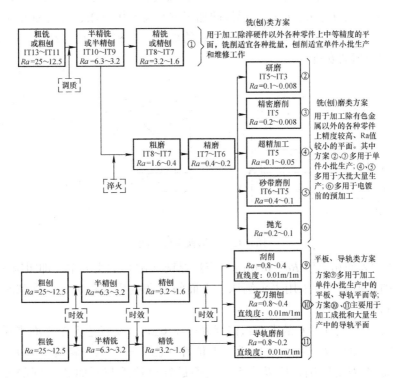

图 5-11　平面加工方案（图中 Ra 的单位为 μm）

1. 粗铣或粗刨

用于加工低精度的平面。

2. 粗铣（粗刨）—半精铣（半精刨）—精铣（精刨）—刮研

用于精度要求较高且未淬硬的平面，若平面的精度较低时，可以省去刮研加工。当批量较大时，可以采用宽刃精刨代替刮研，以便提高效率和减轻劳动强度。尤其是加工大型工件上狭长的精密平面（如导轨面），车间缺少导轨磨床时，多采用宽刀精刨的方案。

3. 粗铣（刨）—半精铣（半精刨）—精铣（刨）—磨削

多用于加工精度要求较高且淬硬的平面，对于未淬硬的钢件或铸件上较大平面的精加工，往往也采用此方案。但不宜精加工塑性大的有色金属工件。

4. 粗铣—半精铣—高速精铣

最适于高精度有色金属件的加工。若采用高精度高速铣床和金刚石刀具，铣削表面粗糙度 $Ra \leq 0.008 \mu m$。

5. 粗车—精车

主要用于加工轴、套、盘等类工件的端面，大型盘类工件的端面，一般在立式车床上加工。

6. 粗拉—精拉

用于大批大量生产中未淬硬钢件、结构适于拉削的表面。

5.4.2 平面加工方案选择实例

如图 5-12 所示，V 形铁零件的材料为 45 钢，数量为 2 件，整体时效处理，V 形面淬火。试选择平面 A、B、C、D、E、F 和 V 形槽的加工方案及所用机床、夹具和刀具。

V 形铁为六面体零件，该零件主要是平面的加工，应根据图 5-12 所示选择加工方案，并注意二次时效处理的安排。

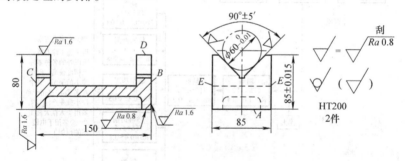

图 5-12 V 形铁零件简图

1）平面 A 的表面粗糙度 $Ra = 0.8 \mu m$，应选择铣（刨）磨类方案，即粗刨—时效—半精刨—时效—磨削。刨削时，采用牛头刨床、平面刨刀和机用虎钳装夹；磨削时采用平面磨床、电磁吸盘和砂轮。

2）平面 B、C、D、E、F 的表面粗糙度 $Ra = 1.6 \mu m$，仅就这 5 个平面来说，可以选择铣（刨）类方案，即粗铣（刨）—时效—半精铣（刨）—时效—精铣（刨）。但从整个零件看，由于平面 A 需要磨削，所以这 5 个表面最好也选用与平面 A 相同的方案，即粗铣（刨）—时效—半精铣（刨）—时效—磨削。所用机床、夹具和刀具均与平面 A 相同。

3）V 形槽的表面粗糙度 $Ra = 0.8 \mu m$，角度为 $90° \pm 5'$，检验心轴的中心高为（85 ± 0.015）mm，很显然应选择粗铣（刨）—时效—半精铣（刨）—时效—精铣（刨）—刮削，采用牛头刨床、机用虎钳、左偏刀、右偏刀及刮刀等。

上述分析结果列于表 5-3 中。

表 5-3 V 形铁有关表面加工方案的选择

序号	表面	加工方案	机床	装夹方法	刀具
1	平面 A	粗铣（刨）、时效、半精铣（刨）时效、磨削	铣（刨）床磨床	机用虎钳	铣（刨）刀砂轮
2	平面 B、C、D、E、F	粗铣（刨）、时效、半精铣（刨）、时效、磨削	铣（刨）床磨床	机用虎钳	铣（刨）刀砂轮
3	V 形槽	粗铣（刨）、时效、半精铣（刨）、淬火、磨削	铣（刨）床	机用虎钳	刨刀砂轮

综合研讨：图 5-13 所示为轴承座零件简图，材料为 HT200，数量 10 件；请制订表面 B、C、ϕ320h8 和 ϕ260H8 以及 6×ϕ18.5 孔的加工方案。

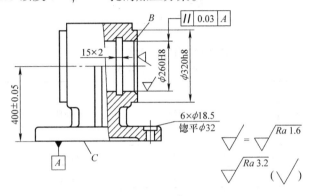

图 5-13 轴承座零件简图

复习思考题

1. 试决定下列零件外圆面的加工方案：

1）纯铜小轴，ϕ20h7，$Ra=0.8\mu m$。

2）45 钢轴，ϕ50h6，$Ra=0.2\mu m$，表面淬火 40~50HRC。

3）加工图 5-14 所示轴类件外圆面 A，请按表 5-4 所列的不同要求，选择加工方法及加工顺序（包括热处理在内）。

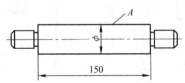

图 5-14 外圆加工简图

表 5-4 加工要求

表面 A		材料	热处理	加工方法及加工顺序
尺寸精度	表面粗糙度 $Ra/\mu m$			
ϕ20h7	1.6	45	调质	
ϕ30h6	0.4	45	淬火	
ϕ40h7	0.8	H68	—	

2. 合理选择下列零件上孔的加工方案：

1）单件小批生产中，铸铁齿轮上的孔 ϕ20H7，$Ra = 1.6\mu m$。

2）大批大量生产中，铸铁齿轮上的孔 ϕ50H7，$Ra = 0.8\mu m$。

3）高速钢三面刃铣刀上的孔 ϕ27H6，$Ra = 0.2\mu m$。

4）变速器箱体（材料为铸铁）上传动轴的轴承孔 ϕ62J7，$Ra = 0.8\mu m$。

5）加工图 5-15 所示轴套类的内孔 A，请按表 5-5 所列的不同要求，选择加工方法及加工顺序（数量：10 件）。

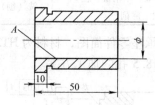

图 5-15　轴套内孔加工简图

表 5-5　加工要求

表面 A		材料	热处理	加工方法及加工顺序
尺寸精度	表面粗糙度 $Ra/\mu m$			
ϕ10h7	1.6	45	调质	
ϕ100h6	0.4	45	淬火	
ϕ40h7	0.8	铝合金	—	

3. 综合应用题。

如图 5-16 所示，制订零件加工表面的加工方案（选择加工方法和确定加工顺序）。图 5-16 所示轴连接套材料为 45 钢，件数为 5 件。

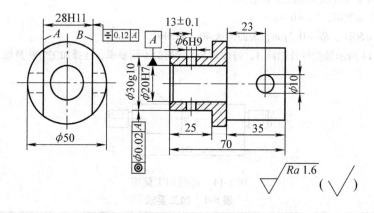

图 5-16　轴连接套与支座加工简图

第6章 机械加工工艺规程制订

本章是在学习各种加工方法和零件表面加工方案制订的基础上，进一步了解拟定机械零件加工工艺规程基础知识，熟悉在单件小批生产中拟定工艺规程的方法和步骤，重点是掌握定位基准的选择以及轴类、盘套类零件加工工艺的制订；掌握根据零件的技本要求确定加工方法和加工顺序，完成一般零件的工艺规程分析与制订，并能填写工艺规程卡片和绘制工艺简图。

6.1 机械加工工艺规程概述

各种零件均是由一些基本表面或特殊形面构成的，要合理地制订机械零件的制造工艺规程，首先要掌握目前有哪些加工方法可供选用，并能够针对零件的具体要求较为合理地选用。其次还必须解决各表面的加工顺序和热处理如何安排的问题。在一定的生产条件下可实施的方案可能有多种，因此应充分了解和合理利用工艺资源、寻求最佳工艺方案，以便获取最佳的社会经济效益。要做到后一点不仅需要工艺理论知识，更需要生产实践经验。

机械制造业的工艺技术发展非常迅速。在拟定工艺方案时，还应密切注意新技术和新工艺的发展，应不失时机地掌握和应用它们。

6.1.1 工艺规程的组成

1. 生产过程

制造机器时，由原材料到成品之间各个相互关联的劳动过程的总和称为生产过程。它包括原材料运输和保管、生产准备工作、毛坯制造、零件加工和热处理、产品装配、调试、检验以及涂装和包装等。

2. 工艺过程

工艺过程是生产过程的主要部分。在机械加工的生产过程中，直接用来改变原材料或毛坯的形状、尺寸，使之变为成品的过程称为机械加工工艺过程。

3. 工序

工序是组成机械加工工艺过程的基本单元。在工艺过程中，一个（或一组）工人在一台机床（或一个工作场地）上，对一个（或同时几个）工件连续进行加工所完成的那一部分工艺过程称为工序。

工艺过程是由一个或若干个工序组成的，制订某零件的机械加工工艺过程，首先要确定其需要几道工序以及工序的排列顺序，仅列出工序及工序的排列顺序称为工艺路线。如图6-1所示，零件阶梯轴在单件生产中可按图6-1的左侧顺序加工，分为两个工序。由一个工人在一台车床上连续完成车端面、钻中心孔、粗车各外圆、半精车各外圆及切槽、倒角、车螺纹之后再换第二个零件重复上述内容，故这部分工艺过程称为一个工序。

在成批生产中，分为四个工序。一个工人在一台车床上只连续铣端面、钻中心孔便更换第二个零件，不断重复这一内容，则铣端面、钻中心孔这部分工艺过程也称为一个工序，如图 6-1 右侧工艺过程所示。

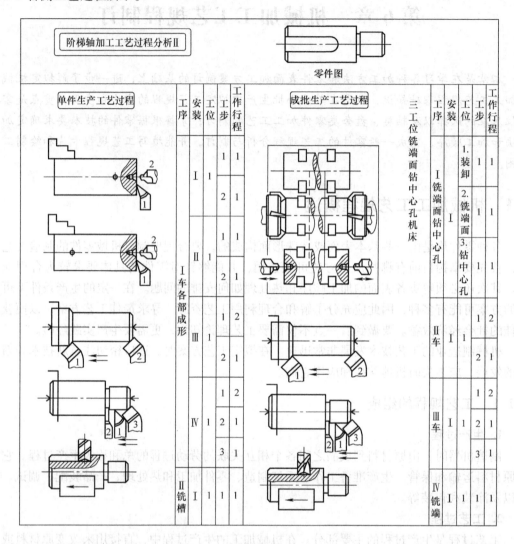

图 6-1　阶梯轴工艺过程

（1）工步　在同一个工序内，在加工表面、切削刀具、切削速度和进给量都不变的情况下所完成的加工内容称为一个工步。

（2）进给　用同一把切削刀具在相同切削速度和进给量情况下，对同一加工表面多次切削，则每切削一次称为一次进给。

（3）装夹　为完成零件加工必须对工件进行装夹，从定位到夹紧的整个过程称为装夹，在机床或夹具中每完成一次定位和夹紧称为一次装夹。

在加工过程中为了使工件能承受切削力并保持其正确的位置，必须把它压紧或夹牢称为夹紧。

装夹的正确与否直接影响加工精度，装夹是否方便和迅速又会影响到生产效率；因此，工件的装夹对于加工的经济性、质量和效率有着重要的作用必须给以足够的重视。

（4）工位　在工件的一次装夹中，通过分度（或移位）装置使工件在机床上相对刀具改变加工位置，每占据一个加工位置称为一个工位。

4. 不同生产类型的主要工艺过程特点

不同生产类型的主要工艺过程特点，见表 6-1。

表 6-1　各种生产类型的主要工艺特点

工艺过程特点	生产类型		
	单件生产	成批生产	大量生产
工件的互换性	一般是配对制造，没有互换性，广泛用钳工修配	大部分有互换性，少数用钳工修配	全部有互换性。某些精度较高的配合件用分组选择装配法
机床设备	通用机床，或数控机床，或加工中心	数控机床加工中心或柔性制造单元，也采用部分专用机床	专用生产线、自动生产线、柔性制造生产线或数控机床
夹具	用标准附件，极少采用夹具，靠划线及试切法达到精度要求	广泛采用夹具或组合夹具，部分靠加工中心一次安装	广泛采用高生产率夹具，靠夹具及调整法达到精度要求
刀具量具	采用通用刀具和万能量具	可以采用专用刀具及专用量具或三坐标测量机	广泛采用高生产率刀具和量具，或采用统计分析法保证质量
工人技术要求	需要技术熟练的工人	需要一定熟练程度的工人和编程技术人员	对操作工人技术要求较低，对生产线维护人员要求有高的素质
工艺规程	有简单的工艺路线卡	有工艺规程，对关键零件有详细的工艺规程	有详细的工艺规程
生产率	较低	中等	高
加工成本	较高	中等	低

6.1.2　工件定位与定位基准

在进行机械加工时，必须把工件放在机床上或夹具中，使它在夹紧之前就占有一个正确的位置，这一过程称为定位。

夹紧是保持工件定位后正确的位置。定位和夹紧是两个不同的概念，一般是分开进行的，但也有同时进行的。例如采用自定心卡盘和锥度心轴装夹工件。

定位和夹紧不能混淆，定位是使工件处于正确位置，而夹紧是为了保证工件在加工过程的准确定位。定位在前、夹紧在后，两者缺一不可。没有定位而只有夹紧，不能使工件获得正确位置；只有定位而没有夹紧，工件就会在切削力的作用下脱离定位元件反向运动，从而失去正确的位置。

1. 定位原理

任何一个没受到约束的刚性物体，在空间的三维坐标系中都有六个自由度，即沿三个坐标轴方向的移动（$\vec{X}$、$\vec{Y}$、$\vec{Z}$ 表示）和绕三个坐标轴方向的转动（用 $\hat{X}$、$\hat{Y}$、$\hat{Z}$ 表示），如图 6-2 所示。

要完全确定工件在机床上的正确位置，要用分布适当的六个支承点来限制工件的六个自由度，这就是工件的六点定位原理。在机械加工中，要完全确定工件的正确位置，也必须要有一些具体的点、线、面作为约束。理论上讲，这些点、线、面可抽象为六个支承点（平面简化为三点，直线简化为两点，一端简化为一点），这六个支承点在空间要按一定规律分布，并保持与工件的定位基面相接触，如图6-3所示。

图6-3所示为六面体工件六个自由度的约束限制情况，在 XOY 平面上布置三个支承点1、2、3，当六方体工件的底面与这三个支承点接触时，工件的 $\vec{X}$、$\vec{Y}$、$\vec{Z}$ 三个自由度就被限制；然后在 YOZ 平面上布置两个支承点4、5，当工件侧面与之接触时，工件的 $\vec{X}$ 和 $\vec{Z}$ 两个自由度就被限制；再在 XOZ 平面布置一个支承点6，工件的 $\vec{Y}$ 自由度就被限制。

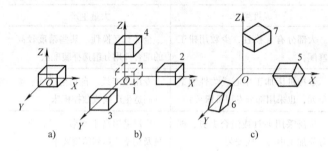

a)   b)   c)

图6-2 物体的六个自由度

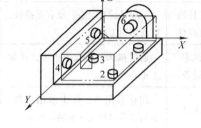

图6-3 六面体的六点定位

工件定位的任务就是根据加工要求限制工件的全部或部分自由度。

在具体的夹具中，定位是用与工件接触并对工件起定位作用的定位元件（如支承钉、支承板、圆柱销等）来体现的。

工件在夹具中定位，而且必须限制工件的六个自由度时，这种定位称为"完全定位"，如图6-4所示。

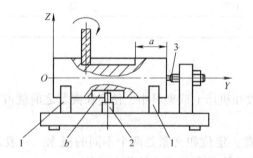

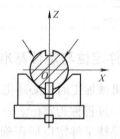

图6-4 铣削轴上键槽的完全定位

1—V形块　2—辅助支承　3—顶尖

如图6-5所示，连杆2受与底面相接触的支承板3限制，相当于三个支承点；工件的 $\vec{Z}$、$\vec{X}$、$\vec{Y}$ 三个自由度受到限制，大端孔中的圆柱销1限制工件 $\vec{X}$、$\vec{Y}$ 两个自由度，相当于两个支承点；与连杆小端侧面接触的圆柱销4，限制工件 $\vec{Z}$ 一个自由度，相当于一个支承点。

根据工件加工要求的不同，如果限制工件的自由度数目少于六个，但仍能保证加工要求，则属于合理定位，这种定位称为"不完全定位"。

如图6-6a所示，在车床上加工外圆，工件绕轴线的回转和轴向移动自由度未受限制，只限制了四个自由度。如图6-6b所示，在平面磨床上磨平面时，为了保证尺寸 A 只需限制三个自由度。

工件的同一自由度被两个或两个以上的支承点重复限制的定位，称为"过定位"。

在夹具中，当用一组定位元件限制工件的自由度时，就可能出现过定位。如图 6-7 所示，圆柱销 1 限制了工件的 $\hat{X}$、$\hat{Y}$ 移动和 $\hat{X}$、$\hat{Y}$ 转动四个自由度，支承板 3（平面）限制了 $\hat{Z}$、$\hat{X}$、$\hat{Y}$ 三个自由度，其中 $\hat{X}$、$\hat{Y}$ 转动被两个定位元件重复限制，这就产生了过定位。由于工件孔与其端面，圆柱销与支承板平面均有垂直度误差，工件装入夹具后，其端面与支承板平面不可能完全接触，造成工件定位误差。这种现象称为定位干涉。若用外力（如夹紧力）迫使工件端面与支承板接触，则会造成圆柱销或连杆弯曲变形。

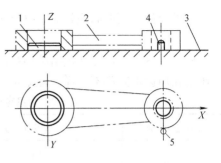

图 6-5 连杆的定位

1、4—圆柱销 2—连杆 3—支承板
5—挡销

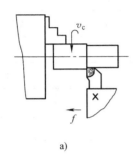

a)

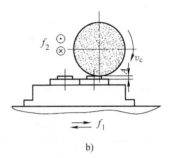

b)

图 6-6 不完全定位

a）车外圆 b）磨削平面

工件应该限制的自由度在定位时未被限制的定位称为"欠定位"。欠定位将导致加工精度得不到保证，说明定位不足不能满足加工要求，如图 6-8 所示的 **Y** 方向。

在确定工件定位方案时，欠定位是不允许的，过定位也是应当避免的。"过定位"可能导致工件变形，影响加工精度等。但有时为了增加工件的刚度和稳定性，粗加工时可以采用"过定位"。

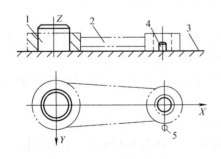

图 6-7 "过定位"

1、4—圆柱销 2—连杆 3—支承板 5—挡销

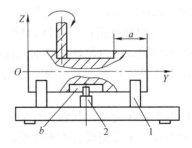

图 6-8 "欠定位"

1—V 形块 2—辅助支承

六点定位的本质和关键是限制工件的六个自由度，而不是工件上有多少个点和定位元件接触。应当注意定位元件和工件接触面积的相对大小。工件用一个大平面定位能限制三个自由度：一个移动、两个转动；用一个狭长平面定位能限制两个自由度：一个移动、一个转

动；如果定位平面的面积相对于整个工件很小时，则相当于一个定位点，只能限制一个移动自由度。

显然，各个定位元件包括结构相同的两圆柱销，限制工件的自由度和相当的支承点数由于作用和用途不同都不一样。常见定位方式及定位元件所限制的自由度见表 6-2。

表 6-2　常见定位方式及定位元件所限制的自由度

工件定位表面	常用定位元件		相当支承点数	限制自由度情况
平面	宽支承板		3	1 个移动，2 个转动
	窄支承板		2	1 个移动，1 个转动
孔	长圆柱销		4	2 个移动，2 个转动
	短圆柱销		2	2 个移动
	长圆锥销		5	3 个移动，2 个转动
	短圆锥销		3	3 个移动
	前后顶尖		5	3 个移动，2 个转动
外圆面	长 V 形块 长内圆孔		4	2 个移动，2 个转动
	短 V 形块 短内圆孔		2	2 个移动
	自定心卡盘	1. 夹持工件较长时	4	2 个移动，2 个转动
		2. 夹持工件较短时	2	2 个移动

2. 工件定位方式

工件的定位方式主要取决于工件定位基面的结构形状和大小等因素。

（1）工件以平面定位　箱体、机座、支架等许多零件，在机械加工中常以平面作为主要定位面，限制工件的三个自由度。

（2）工件以圆孔定位　工件以圆孔作为定位面，是生产中常用的。如盘套类零件，常以内孔作为定位面，以保证外圆加工面对内孔轴线的同轴度等位置精度要求。

箱体类零件，根据加工要求常利用小孔与平面联合定位，以实现工件定位所必须限制的自由度。

工件以内孔作为定位基面，其中常见的定位元件有定位销、圆锥销和心轴。

心轴主要用于盘类或套类零件的定位。常用的几种心轴如图 6-9 所示。如果齿轮坯与心轴为间隙配合，用带有端面的心轴定位，如图 6-9a 所示，则能限制五个自由度，该心轴装卸方便但定心精度低；如果齿轮坯与心轴为过盈配合，用无端面的心轴定位，如图 6-9b 所示，则能限制四个自由度；该心轴的特点是定心精度高，但装卸费时，故常用于定心精度要求高的情况。

（3）工件以外圆柱面定位　加工回转件上的孔或端面，以外圆柱面定位也是常见的定位方式。常用的定位元件有如图 6-10 所示的 V 形块等。

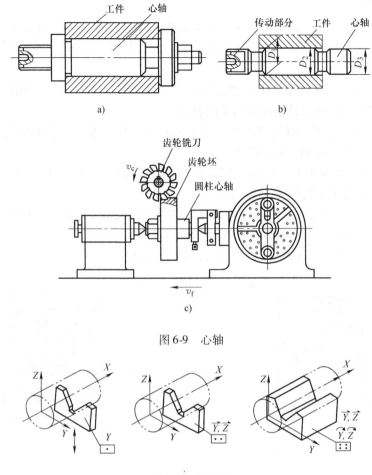

图 6-9　心轴

图 6-10　V 形块

　　用 V 形块定位时，能使工件的轴线自动处于 V 形块的对称中心上，起对中作用。其结构简单，又能承受夹紧力。V 形块分为固定式与活动式两种。固定式的长 V 形块限制工件四个自由度，短 V 形块限制工件两个自由度，活动短 V 形块只限制工件一个自由度。

　　（4）工件以锥孔定位　在加工轴套类零件或某些精密定心零件时常以工件的圆锥孔定位，最常用的定位方法如图 6-11 所示。图 6-11a 所示为圆锥心轴定位，限制五个自由度；图 6-11b 所示为双顶尖定位，固定顶尖限制工件的三个自由度，活动顶尖限制工件的两个自由度。

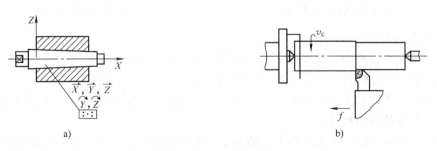

图 6-11　工件以锥孔定位

3. 定位基准

在零件和部件的设计、制造过程中，必须根据一些指定的点、线或面来确定另一些点、线或面的位置，这些作为根据的点、线或面称为基准。基准按其作用不同，可分为设计基准和工艺基准。

（1）设计基准　在零件图上用来确定其他点、线或面位置的基准。如图 6-12 所示，齿轮的孔、外圆和分度圆的设计基准是齿轮的轴线。

（2）工艺基准　在零件制造和装配机器的过程中采用的基准。按其用途不同，它又可分为定位基准、测量基准和装配基准等。

1）定位基准。机械加工中工件在机床或夹具上定位时所用的基准。如图 6-13 所示，钻 $\phi 8$mm 孔时，零件内孔和端面是定位基准。

2）测量基准。检验工件尺寸和表面相互位置时所用的基准。如图 6-14 所示的齿轮，内孔是检验两个端面和外圆相对孔轴线圆跳动的测量基准。

3）装配基准。用于确定零件或部件在机器装配中正确位置的基准，如图 6-15 所示。

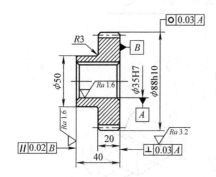

图 6-12　齿轮设计基准

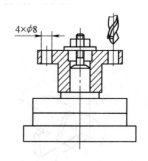

图 6-13　钻孔定位基准

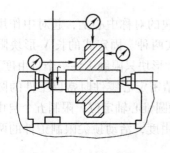

图 6-14　齿轮坯圆跳动检验

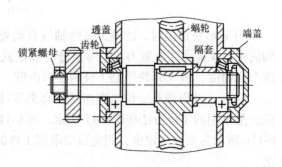

图 6-15　蜗轮装配基准

4. 定位基准的选择

在零件的加工过程中，合理选择定位基准，对保证零件的尺寸精度和几何精度有着决定性的作用，对保证零件技术要求、合理安排加工顺序有着至关重要的影响。

定位基准分为粗基准和精基准。用毛坯表面作为定位基准的称为粗基准；用加工过的表面作为定位基准的称为精基准。

在选择定位基准时往往先根据零件的加工要求选择精基准，然后再考虑选用哪一组表面作为粗基准才能把精基准加工出来。

（1）粗基准的选择原则　工件加工的第一道工序要用粗基准，粗基准选择得正确与否，不但与第一道工序的加工有关，而且还将对工件加工的全过程产生重大影响。

1）保证零件加工表面相对于不加工表面具有一定位置精度。被加工零件上如有不加工表面应选不加工面作粗基准，这样可以保证不加工表面相对于加工表面具有较为精确的相对位置关系。如图 6-16 所示，端套零件的表面 1 为不加工表面，为保证车削内孔后零件的壁厚均匀，应选表面 1 作粗基准镗孔、车外圆、车端面。

当零件上有几个不加工表面时，应选择与加工面相对位置精度要求较高的不加工表面作粗基准。如图 6-17 所示，拨叉零件上有三个不加工表面，由于 $\phi22H9$ 孔与 $\phi40mm$ 外圆间要求壁厚均匀，应选不加工面 $\phi40mm$ 外圆面作粗基准来加工 $\phi22H9$ 孔。

2）合理分配加工余量。从保证重要表面加工余量均匀考虑，应选择重要表面作粗基准，床身加工就是一个很好的实例。在床身零件中，导轨面是最重要的表面，它不仅精度要求高，而且要求导轨面具有均匀的金相组织和较高的耐磨性。

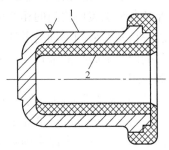

图 6-16　端套粗基准选择
1—不加工表面　2—加工余量

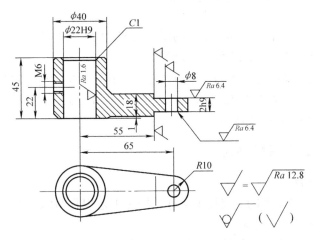

图 6-17　拨叉粗基准选择

因此要求在加工床身时，导轨面的实际切除量要尽可能地小而均匀，故应选导轨面作粗基准加工床身底面图 6-18a，然后再以加工过的床身底面作精基准加工导轨面（图 6-18b），此时从导轨面上去除的加工余量小而均匀。

3）便于装夹。为使工件定位稳定，夹紧可靠，要求所选用的粗基准尽可能平整、光滑，不允许有锻造飞边、铸造浇冒口切痕或其他缺陷，并有足够的支承面积。

4）粗基准一般不得重复使用的原则。在同一尺寸方向上粗基准通常只允许使用一次，这是因

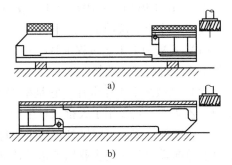

图 6-18　床身加工粗基准选择

为粗基准一般都很粗糙，重复使用同一粗基准所加工的两组表面之间的位置误差会相当大，因此，粗基准一般不得重复使用。

（2）精基准的选择原则

1）基准重合原则。应尽可能选择被加工表面的设计基准为精基准，这样可以避免由于基准不重合引起的定位误差。

2）统一基准原则。应尽可能选用同一精基准加工出工件上尽可能多的（加工）表面，以保证各加工表面之间的相互位置关系。例如，加工轴类零件时，一般都采用两个顶尖孔作为统一精基准来加工轴类零件上的所有外圆表面和端面，这样可以保证各外圆表面间的同轴度和端面对轴心线的垂直度。采用统一基准加工工件还可以减少夹具种类，降低夹具的设计制造费用。

3）互为基准原则。当工件上两个加工表面之间的位置精度要求比较高时，可以采用两个加工表面互为基准反复加工的方法。例如，车床主轴前后支承轴颈与主轴锥孔间有严格的同轴度要求，一般先以主轴锥孔为基准磨主轴前、后支承轴颈表面，然后再以前、后支承轴颈表面为基准磨主轴锥孔，最后达到图样上规定的同轴度要求。

6.2　制订工艺规程的内容和步骤

根据具体的生产条件，合理确定零件的制造工艺过程和操作方法，并按规定格式书写成规范的工艺文件，这些工艺文件称为工艺规程。

工艺规程设计是机械制造技术的基本内容之一。在实际生产中，机械产品都要经一定的工艺规程才能完成。解决各种工艺问题的方法和手段都要通过工艺规程设计来体现。因此，工艺规程设计与生产实际有着密切的联系。

6.2.1　工艺规程的作用和格式

1. 工艺规程的作用

1）工艺规程是指导生产的主要技术文件。按照工艺规程组织生产，可以保证产品的质量和较高的生产效率与经济效益。

2）工艺规程是生产组织和管理工作的基本依据。

3）工艺规程是生产准备和技术准备的基本依据。

2. 工艺规程的格式

根据 JB/T 9165.1—1998《工艺文件完整性》，常用的机械加工工艺规程有：机械加工工艺过程卡片及机械加工工序卡片。

（1）机械加工工艺过程卡片　一般用于单件小批生产中，主要按加工顺序列出整个零件加工所经过的工艺路线。

（2）机械加工工序卡片　它是根据工艺卡中每一道工序制定的，用于具体指导工人操作的工艺文件。它多用于大批大量生产或成批生产中的主要零件。

工艺文件既按加工顺序列出整个零件的工艺路线阐明了零件的加工过程，又对关键工序给出了详细说明，它是企业用来指导帮助技术人员、工人掌握整个零件加工过程的一种最主要的技术文件。

6.2.2　工艺规程设计的内容与要求

1. 工艺规程设计的原始资料

工艺规程设计应具备最基本的原始资料：产品装配图和零件的工作图、产品验收的质量标准、产品的生产纲领、现有生产条件和资料，包括毛坯的生产条件、工艺装备及专用设备的制造能力、有关车间的设备和工艺装备的条件、技术工人的水平以及各种工艺资料和标准等、国内外同类产品的有关工艺资料等。

2. 制订加工工艺的内容和要求

制订零件的加工工艺就是确定零件加工方法和步骤。制订加工工艺的内容包括：排列加工工序（包括毛坯制造、切削加工、热处理和检验工序），确定各工序所用的机床、加工方法、装夹方法、检验方法、工夹量具、加工余量、切削用量和工时定额等。将这些内容用工艺文件形式表示出来，就是通常所说的编制"机械加工工艺卡片"。

制订零件加工工艺必须满足的要求：①确保实现零件的全部技术要求；②生产效率高，生产成本低；③劳动生产条件好。

复杂零件加工工艺的制订，要经过反复实践、修改，才能达到科学合理。

6.2.3　制订零件加工工艺步骤与原则

1. 研究零件图样及其技术要求

仔细阅读零件图样，对零件的形状、结构、尺寸、精度、表面粗糙度、材料、热处理、数量等要求进行全面系统的了解和分析，做到心中有数。

2. 选择毛坯的类型

常用的毛坯有型材、铸件、锻件和焊接件等，应根据零件的材料、形状、尺寸、批量和工厂的现有条件等因素综合考虑。

3. 零件的工艺分析

在拟定零件工艺过程之前，要认真进行工艺分析，重点处理好以下三个问题：

（1）确定主要表面的加工方法和步骤　主要表面的加工质量直接影响零件和产品的质量，因此要根据零件的全部技术要求，合理选择主要表面的加工方案。选择时可参考第 5 章的有关内容。

（2）确定定位基准面　在加工过程中，合理确定定位基准面，对保证零件的技术要求和工序的安排有着决定性的影响。一般在选择主要表面加工方法的同时，就要确定其定位基准面。以下是三类典型零件的基准选择。

1）阶梯轴类零件。常选择两端中心孔作为定位基准面。如图 6-19 所示，采用双顶尖装夹，车削或磨削外圆、螺纹和轴肩端面，这样能较好地保证各外圆、螺纹的同轴度（或径向圆跳动）和轴肩对轴线的垂直度（或端面圆跳动）要求。在热处理后或磨削前，一般要研磨中心孔，以提高中心孔的定位精度。

2）盘套类零件。一般以轴线部位的孔作为定位基准面，采用心轴装夹，如图 6-20a 所示。车削或磨削其他表面，能较好地保证各外圆和端面对孔轴线的圆跳动要求。

值得注意的是，如果零件结构允许，常在一次装夹中完成孔及与其有关表面的精加工，这样不仅可获得较高的位置精度，而且加工十分方便，如图 6-20b 所示。

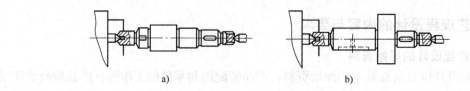

图 6-19 阶梯轴加工定位基准

a）阶梯轴 b）带孔阶梯轴

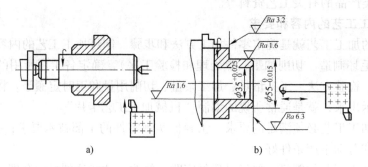

图 6-20 盘套类零件定位基准

a）心轴装夹法 b）一次装夹法

3）支架箱体类零件。选择主要平面（即装配基面）作为定位基准面，采用压板、螺栓装夹，加工轴承孔。如图 6-21 所示，支座零件加工时，通常先加工出底平面 B，再以 B 面为定位基准面，加工 ϕ30H7 孔及其端面。

（3）安排热处理工序 热处理工序的安排是由热处理的目的及其方法决定的，并与零件的材料有关。具体方法的选择及其工序安排，如图 5-1 所示。

4. 拟定工艺过程

拟定工艺过程就是把零件各表面的加工，按先后顺序作合理的安排，这是制订零件加工工艺的关键。安排工艺过程时一般考虑以下几个方面：

（1）基准面先行原则 定位基准面一般应首先加工，然后用它定位加工其他表面。例如，阶梯轴的中心孔、支架箱体的主要平面大都首先加工。

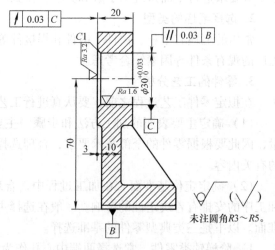

图 6-21 支架箱体类零件定位基准

（2）主（重）要表面先加工原则 主要表面是指零件上的工作表面、装配面等，一般技术要求较高，故应当先安排加工。

（3）粗精分开原则 切削加工一般划分为粗加工、半精加工和精加工三个阶段。对于极少数高精度、小表面粗糙度值的零件，在精加工之后还要经历精密加工，甚至超精密加工阶段。这样有利于减小或消除粗加工、半精加工时因切削力和切削热等因素所引起的应力和变形，以稳定零件的加工精度，保证加工质量。另外，粗加工切除的余量较大，容易发现毛坯的内部缺陷，便于及时处理。

在拟定工艺过程中，还要确定各工序所用的机床、装夹方法、加工方法和测量方法。

（4）确定各工序加工余量、切削用量和工时定额　毛坯尺寸与零件图相对应的设计尺寸之差，称为加工总余量。相邻两工序的工序尺寸之差，称为工序余量。毛坯余量等于各工序余量之和。通常根据《金属切削加工工艺人员手册》推荐的加工余量，并结合实际生产情况确定各工序的切削加工余量。

对于单件小批量生产，中小型工件的单边切削加工余量的参考数据为：粗加工余量为 1~1.5mm；半精加工余量为 0.5~1mm；高速精车余量为 0.4~0.5mm；低速精车余量为 0.1~0.3mm；磨削余量为 0.15~0.25mm；研磨余量为 0.005~0.02mm。工时定额一般由工艺员确定，而切削用量则一般根据加工者的经验自行确定。

在大批大量生产中切削用量和工时定额一般应查阅《切削用量手册》并结合实际经验计算确定。

6.3　典型零件机械加工工艺规程制订

零件按其结构形状特征和功能可以分为轴类、盘套类和支架箱体类等。轴类零件、套类零件常作为机械产品的核心，而支架箱体类零件作为机械产品的基础。分析这三类典型零件的加工工艺要点，将有助于对整个零件的切削加工工艺规程制订的理解。

对典型零件工艺分析的目的在于，初步掌握典型零件制造工艺的基本规律，并通过运用工艺学基本知识设计工艺，对机械制造全过程形成比较全面、系统而深刻的认识。

选择加工工艺分析的典型零件包括：一是作为机械产品核心部分的轴类零件；二是安装在轴上的盘套类零件；三为机械产品基础并支承轴的支架箱体类零件。

6.3.1　轴类零件加工工艺要点

1. 功能与结构

对零件结构和功能的分析是制订零件加工工艺的基础。轴类零件主要用于传递运动和转矩，其主要组成表面有外圆面、轴肩、螺纹和沟槽等。

2. 选材与选毛坯

轴类零件多承受交变载荷，工作时处于复杂应力状态，其材料应具有良好的综合力学性能，因此常选用 45 钢或 40Cr 钢。

轴类零件的毛坯通常有圆钢和锻件两种。台阶轴上各外圆直径相差较大时，多采用锻件，以节省材料；台阶轴上各外圆相差较小时，可直接采用圆钢。但重要的轴类零件应选用锻钢件，并进行调质处理。有些形状复杂的轴（如曲轴），可采用球墨铸铁件。

3. 主要技术要求与主要工艺问题

轴类零件的轴颈、安装传动件的外圆、装配定位用的轴肩等的尺寸精度、几何精度、表面粗糙度，是这类零件的主要技术要求和要解决的主要工艺问题。

4. 定位基准与装夹方法

轴类零件加工时常以两端中心孔或外圆面定位，以顶尖或卡盘装夹。

5. 轴类零件的主要工艺特点与过程

一般来说，加工轴类零件以车削、磨削为主要加工方法；使用中心孔定位，在加工过程中定位基准与设计基准重合，各主要工序的定位基准统一；采用通用设备和通用工装，轴类零件工艺过程特点十分明显。

在单件小批量生产中，典型轴类零件台阶轴的基本工艺过程，如图6-22所示。

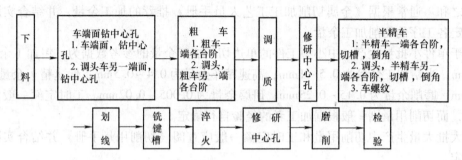

图6-22　典型轴类零件台阶轴的基本工艺过程

6.3.2　轴类零件机械加工工艺过程

以图6-23所示减速器传动轴为例，分析轴类零件的机械制造工艺过程。传动轴生产数量5件，要求硬度220~240HBW。

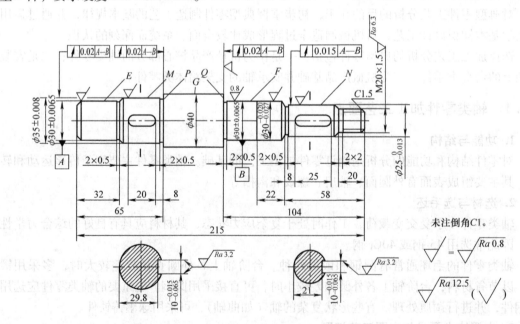

图6-23　减速器传动轴

1. 工艺安排时应思考的问题

（1）技术要求分析

1）分析传动轴的结构特点，指出传动轴的主要加工表面和次要加工表面，有无不加工表面？根据减速器的装配图（见图6-24），分析出传动轴的主要技术要求和传动轴的主要工艺问题。

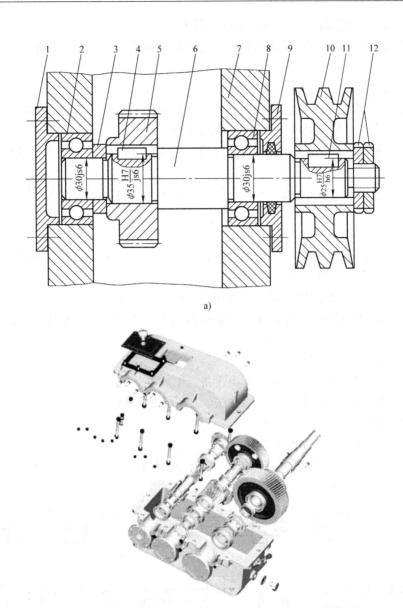

a)

b)

图 6-24　减速器装配图

1、9—端盖　2、8—轴承　3—套筒　4、11—键　5—齿轮　6—轴

7—箱体　10—带轮　12—螺母

2）轴颈 *E*、*F* 是传动轴安装在减速器中的装配基准面，精度要求较高。轴颈 *F* 上设计了直径略小（$\phi 30_{-0.027}^{-0.020}$）、长度为 22mm 的一段，为什么？

3）外圆面 *M*、*N* 是安装齿轮和带轮的径向装配基准面，精度要求较高。*M*、*N* 对基准 *A—B* 的径向圆跳动要求是出于什么考虑？

（2）选材和选毛坯

1）根据传动轴的结构特点和受力特点（交变载荷及复杂应力状态），是选用铸件还是选用锻件？直接选用圆钢作毛坯能否满足使用性能要求？

2）根据传动轴零件的性质是选用碳素结构钢还是优质碳素结构钢？是否需要选用合金结构钢？

（3）工艺方法分析

1）工艺分析的核心是确定主要表面的加工方法和主要精基准。传动轴的主要加工表面应采用哪些加工方法？传动轴的主要精基准应如何选择？

2）传动轴的次要加工表面如退刀槽、键槽、螺纹应在何时，采用何种刀具、何种机床加工？

3）车、磨外圆时工件应如何装夹？车端面、钻中心孔时应如何装夹？铣键槽时工件应如何装夹？

（4）工艺过程分析

1）考虑传动轴主要加工表面的加工方案，其加工工艺过程应分哪几个阶段？

2）第一道工序的内容应该是什么？

3）考虑基准对加工精度的影响，调质和磨削应安排在什么位置？

4）检验是最重要的辅助工序，在传动轴切削加工工艺中至少应安排几次检验？安排在什么位置？

（5）编制传动轴工艺卡片

1）对于单件小批量生产，应选用哪类设备、工装等？

2）确定传动轴各工序的机床、装夹方法、加工方法、测量方法及有关工夹量具。

3）填写传动轴切削加工工艺卡片。

2. 轴类零件的基本工艺过程设计（制订）

轴类零件是一种常见的典型零件。按其结构特点可分为简单轴、阶梯轴、空心轴和异形轴四大类，如图 6-25 所示。

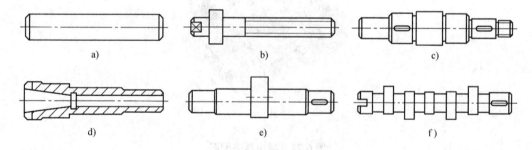

图 6-25 常见轴类零件典型结构

a）光滑轴 b）拉杆 c）传动轴 d）主轴 e）偏心轴 f）凸轮轴

图 6-23 所示是传动轴零件工作图，生产数量 5 件，要求硬度 220~240HBW；图 6-24 所示是传动轴所在减速器的部分装配图。传动轴安装在减速器壳体上的两个滚动轴承上。轴的中段装有齿轮，传动轴的右端装有带轮。齿轮与轴为过渡配合，通过平键传递转矩；带轮与轴为最小间隙等于零的间隙配合，也通过平键传递转矩。齿轮和右轴承分别靠在轴肩上实现轴向定位。带轮用螺母锁紧。

（1）**技术要求分析** 机械零件制造工艺的最终目的在于满足其技术要求和使用性能，

而零件的技术要求和使用性能主要体现在包含它的产品中。因此，首先要熟悉零件所在产品的装配图，通过装配图了解产品的用途、性能、工作条件以及该零件的地位和作用，然后再仔细分析零件工作图；还要对零件的结构、尺寸、公差等级、表面粗糙度、材料和热处理要求等全面系统地理解，从而找出关键的技术问题。

传动轴上安装传动件的外圆面、轴向装配基准轴肩的精度、表面粗糙度是传动轴的主要技术要求和主要工艺问题。这些表面属于主要加工表面，其他表面则是次要加工表面。传动轴的主要技术要求如下：

1）轴颈 E、F。轴颈 E、F 是传动轴在减速器中的装配基准面。其公差等级为 IT6，表面粗糙度值 $Ra = 0.8\mu m$。轴颈 F 上设计了直径略小一点的一段，长度为 22mm，直径为 $\phi30mm$。这样处理使轴承的安装比较方便（装配工艺性好），对轴的整体结构也没有大的影响。

2）外圆面 M、N。外圆面 M、N 是安装齿轮和带轮的径向装配基准面。其公差等级为 IT6，表面粗糙度值 $Ra = 0.8\mu m$。M、N 对基准 $A—B$ 的径向圆跳动分别为 0.02mm 和 0.015mm，出于齿轮传动、带传动的平稳性考虑。

3）轴肩 P、Q。轴肩 P、Q 是安装齿轮和轴承的轴向装配基准面。P、Q 对基准 $A—B$ 的端面圆跳动为 0.02mm，其表面粗糙度值 $Ra = 0.08\mu m$，出于保证齿轮正确啮合考虑。

4）硬度达到 220～240HBW，保证传动轴具有良好的综合力学性能。

（2）选材和选毛坯　轴类零件的毛坯通常选用圆钢料或锻件。对于光滑轴、直径相差不大的阶梯轴，多采用热轧或冷轧圆钢料。直径相差悬殊的阶梯轴，为节省材料，减少机加工工时，多采用锻件。

传动轴工作时承受交变载荷，处于复杂应力状态，应选用锻件毛坯。但本例传动轴载荷不大其各台阶之间的尺寸差异又较小，直接选用圆钢作毛坯比较经济，也基本能满足对传动轴的力学性能要求。传动轴的材料选用优质碳素结构钢，如 45 钢。

传动轴最大直径处 G 段为 $\phi40mm$，未注公差，经粗车－半精车可以完成加工。若粗车单边余量取 1～1.5mm，半精车单边余量取 0.8～1mm，则单边总加工余量为 1.8～2.5mm。选 $\phi45mm$ 圆钢为毛坯即可。

（3）工艺分析　为拟定工艺过程，必须对零件进行工艺方法分析。其分析的主要内容是确定主要加工表面的加工方法和确定主要精基准面。这是因为主要加工表面的质量直接影响零件和产品的质量。具体选哪一种或哪几种加工方法相配合加工，还要考虑零件的结构形状、尺寸大小、数量多少、材料及热处理要求等多种因素。主要精基准面对保证主要加工表面的精度和加工顺序有决定性影响。因此，在确定主要加工表面加工方法的同时应确定主要精基准面。

1）主要加工表面的加工方案。本书第 5 章分别给出了外圆面、内圆面、平面的加工方案。传动轴的主要加工表面是外圆面，参考图 5-1 可以确定传动轴主要加工表面的加工方案。其加工方法也同时确定。

传动轴 E、F、M、N 各表面要求公差等级为 IT6，表面粗糙度值 $Ra = 0.8\mu m$，应采用粗车—半精车—磨削这样的加工方案。因为磨削要求在半精车的基础上进行。如果在精车的基础上磨削，则违反了经济性原则。

2）主要精基准的选择。主要精基准面的选择应遵循基准重合原则和基准统一原则；车削和磨削主要加工表面时，以轴端中心孔定位符合精基准的选择原则。传动轴两端中心孔是主要精基准面。

3）次要加工表面的加工方法。传动轴的次要加工表面退刀槽、大外圆 G、轴端螺纹可以在车床上分别采用车槽刀、外圆车刀、螺纹车刀车出；两键槽可在立式铣床上采用键槽铣刀铣出。

4）传动轴装夹方法。车端面及钻中心孔时，使用自定心卡盘装夹；车外圆、车槽、车螺纹时，使用双顶尖装夹；铣键槽时，使用机用虎钳装夹。经一次安装加工的工件各表面之间的位置精度由机床保证。传动轴上 M、N 外圆面对基准 $A—B$ 的圆跳动公差应在磨床上使用双顶尖一次安装磨削出来保证；轴肩 P、Q 对基准 $A—B$ 的圆跳动公差也应在一次安装中先磨削 E、F 外圆，再靠磨 P、Q 端面来保证。

5）传动轴的热处理。通过调质处理工艺可以使传动轴硬度达到 220～240HBW。

（4）工艺过程分析

1）分段加工。当零件的加工质量要求较高时，整个加工过程应划分为几个阶段。一个精度要求高、表面粗糙度值要求小的精密零件常分粗加工、半精加工、精加工和精密超精密加工四个阶段进行。传动轴的公差等级为 IT6，表面粗糙度值 $Ra = 0.8\mu m$，可以分为粗加工、半精加工和精加工三个阶段进行。

2）工序集中与工序分散。把各工序加工的内容增多，使工序的数目减少，甚至一个工序就能完成零件的全部加工内容称为工序集中；把各工序的加工内容减少，甚至一个工序只包含一个简单的内容，使工序的数目增加称为工序分散。工序集中或工序分散的工艺设计是根据生产批量考虑的。考虑到传动轴是单件小批量生产，应选用通用设备、工装，无需考虑工序集中和工序分散的工艺设计。

3）确定传动轴加工的基本方案。根据传动轴主要加工表面的加工方案和先主后次、先粗后精的工序安排原则，传动轴加工的基本方案应为：粗加工主要表面→半精加工主要表面和次要表面→精加工主要表面。传动轴的工艺过程，应以基本方案为基础安排。

4）草拟传动轴切削加工工艺过程。考虑传动轴两端中心孔作为主要精基准面必须首先加工，开始的切削加工工序应是车端面、钻中心孔。

根据尽可能在一次安装中加工各表面的原则，在加工精基准的工序中同时粗加工各外圆表面。

除各工序要自检外，至少应在工艺过程的最终工序安排检测，以便验收。

考虑传动轴上保留厚一点的回火索氏体组织层，以保证传动轴具有良好的综合力学性能，调质工序应安排在粗车之后、半精车之前。

考虑热处理变形及氧化现象对精基准的影响和精加工对基准的更高要求，调质后、磨削前应安排修研中心孔工序。

次要表面如外圆面 G、各退刀槽、螺纹、倒角和两个键槽等，都应在半精加工阶段完成加工。铣键槽前应安排划线工序。

综上所述，传动轴的加工顺序初步确定为：下料→车端面、钻中心孔→粗车各外圆→调质→修研中心孔→半精车各外圆、车槽、倒角、车螺纹→划键槽位置线→铣键槽→修研中心孔→磨主要外圆面及靠磨轴肩→检验。

（5）编制传动轴工艺卡片　将传动轴的各切削加工工序及各工序的机床、装夹方法、测量方法及有关工夹量具等填入工艺卡片，见表6-3。

表6-3　传动轴工艺过程卡片

工序	工种	工序内容	加工简图	设备
1	下料	热轧 45 钢 $\phi45\text{mm}\times220\text{mm}$		锯床
2	车	安装（1） 自定心卡盘夹持工件，车端面见平，钻中心孔。用尾座顶尖顶住，粗车三个台阶。直径、长度留余量 2mm		车床
2	车	安装（2） 调头，自定心卡盘夹持工件另一端，车端面保证总长 215mm，钻中心孔。用尾座顶尖顶住，粗车另三个台阶。直径、长度留余量 2mm		车床
3	热处理	调质处理 220~240HBW		
4	钳	修研两端中心孔		
5	车	安装（1） 双顶尖装夹工件，半精车三个台阶，车 $\phi40\text{mm}$ 外圆到尺寸，其余两个台阶直径留余量 0.5mm，车槽两个 2mm ×0.5mm，倒角 C1 两个		车床
5	车	安装（2） 调头，双顶尖装夹工件，半精车另三个台阶。其中螺纹台阶车到 $\phi20_{-0.2}^{\ 0}\text{mm}$，其余两台阶留余量 0.5mm，车槽三个，2mm × 0.5mm 两个，2mm × 2mm 一个。倒角 C1 三个		车床

（续）

工序	工种	工序内容	加工简图	设备
6	车	双顶尖装夹，车螺纹 M20mm×1.5mm		
7	钳	划键槽加工线		
8	铣	机用虎钳装夹工件，铣两个键槽，使槽深比图样尺寸多0.25mm，作为磨削余量		立铣床
9	钳	修研两端中心孔	同工序4	
10	磨	安装（1）双顶尖装夹工件，磨外圆 F、N 到尺寸，靠磨轴肩 P 安装（2）调头，双顶尖装夹工件，磨外圆 E、M 到尺寸，靠磨轴肩 P		外圆磨床
11	检测	使用游标卡尺、千分尺等检测传动轴的主要技术要求		

6.3.3　盘套类零件加工工艺要点

1. 功能与结构

盘套类零件主要用于配合轴类零件传递运动和转矩。在轴系部件中，除轴本身和键、螺钉等联接件外，几乎都属于盘套类零件。其主要组成表面有内圆面、外圆面、端面和沟槽等。下面以齿轮为例进行介绍。

2. 选材与选毛坯

齿轮承受交变载荷，工作时处于复杂应力状态。其材料应具有良好的综合力学性能，因此常先用45钢或40Cr钢锻件毛坯，并进行调质处理，很少直接用圆钢作毛坯。对于受力不大，主要用来传递运动的齿轮，也可以采用铸件、有色金属件和非金属件毛坯。

3. 主要技术要求与主要工艺问题

齿轮内孔、端面的尺寸精度、几何精度、表面粗糙度及齿形精度，是齿轮加工的主要技术要求和要解决的主要工艺问题。

4. 定位基准与装夹方法

齿轮加工时通常以内孔、端面定位或外圆、端面定位，使用专用心轴（一种装夹带孔工件的夹具）或卡盘装夹工件。

5. 盘套类零件的主要工艺特点与过程

一般来说，齿轮加工分为齿坯加工和齿形加工两个阶段。通常以内孔、端面定位，采用心轴装夹工件，符合基准重合、基准统一原则。齿坯加工过程代表了一般盘套类零件加工的基本工艺过程，采用通用设备和通用工装；齿形加工多采用专用设备（齿轮加工机床）和专用工装。

在单件小批量生产中，有台阶齿轮的基本工艺过程，如图 6-26 所示。

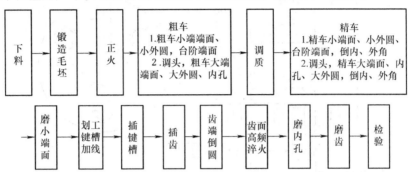

图 6-26　有台阶齿轮的基本工艺过程

6.3.4　盘套类零件机械加工工艺过程

轴系部件中除了轴和键之外，几乎都是盘套零件。

盘套类零件的结构一般由孔、外圆、端面和沟槽等组成，其位置精度可能有外圆对内孔轴线的径向圆跳动或同轴度、端面对内孔轴线的端面圆跳动或垂直度等要求。

如图 6-27 所示，盘套类零件的种类很多，按用途大致可分为端盖、齿轮、蜗轮、带轮、轴套和轴承套等。

盘套类零件的结构基本类似，但由于用途不同，技术要求也不完全一样，因此工艺过程既有相似之处又有各自的特点。本节以零件法兰盘为例，介绍一般盘套类零件的基本工艺过程。

如图 6-28 所示，法兰盘是一种比较典型的盘类零件，其孔与传动轴配合。根据法兰盘

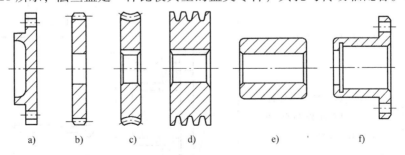

图 6-27　盘套类零件

a）端盖　b）齿轮　c）蜗轮　d）带轮　e）轴套　f）轴承套

的技术要求，关键是要保证 $\phi 55^{~0}_{-0.019}$ 外圆表面相对 $\phi 35^{+0.025}_{~0}$ 孔基准轴线的同轴度以及两端面相对基准轴线的端面圆跳动要求。由于各表面粗糙度 Ra 值均在 $1.6\mu m$ 以上，故可在车床上加工成形，然后再加工小孔与键槽。

其工艺过程见表6-4。工艺过程既保证了粗、精加工分开，又较好地满足了有关几何精度的要求。

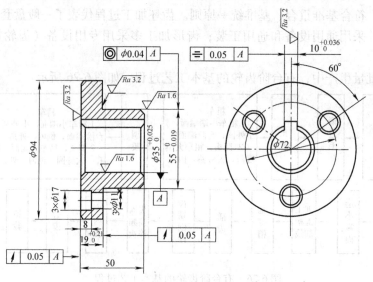

图 6-28　法兰盘

表 6-4　法兰盘工艺过程卡片

工序号	工种	工序内容	加工简图	设备
1	铸	铸造毛坯		
2	热	退火		
3	车	自定心卡盘夹小端，粗车大端面见平，粗车大外圆至 $\phi 96$		车床
		调头夹大端，粗车小端面保证总长52，粗车小外圆至 $\phi 57$ 长31，粗镗孔至 $\phi 33$		

（续）

工序号	工种	工序内容	加工简图	设备
3	车	精车小端面保证总长 50.5，粗镗孔至 $\phi 35^{+0.025}_{0}$，精车小外圆至 $\phi 55^{0}_{-0.019}$，精车台阶端面保证小外圆长 31。小端内、外倒角 C1，大端内倒角 C2		
4	车	顶尖、心轴装夹，精车大外圆至 $\phi 94$，精车大端面保证 $\phi 94$ 外圆长 $19^{+0.21}_{0}$，倒角 C1		
5	钳	划内键槽线，划三个台阶孔中心线及孔线		
6	钳	自定心卡盘装夹，钻三个 $\phi 11$ 通孔，锪三个 $\phi 17$ 台阶孔，深度为 8		立钻
7	插	插键槽到图样规定的尺寸		插床
8	钳	去内键槽毛刺		
9	检	检验		

6.3.5　支架箱体类零件工艺要点

1. 功能与结构

支架箱体类零件是机器（或部件）的基础零件。它将各零、部件连成一个整体，并使各零件之间保持正确的位置关系。箱体类零件通常尺寸较大，形状复杂，壁薄而不均匀，内部呈腔形，箱体上常有许多轴线互相平行或垂直的轴承孔。其底面、侧面或顶面通常是装配基准面。支架可以看成是箱体的一部分。

2. 选材与选毛坯

支架箱体类零件起支承、封闭作用，形状复杂，但承载一般不大，因此多选用灰铸铁件毛坯。承载较大的机架箱体类零件可以选用球墨铸铁件或铸钢件毛坯。在单件小批量生产中，也可以采用钢板焊接结构毛坯。

3. 主要技术要求与主要工艺问题

支架箱体类零件的轴承孔和基准平面的形状精度、平行孔之间的平行度、同轴孔之间的同轴度、主要加工表面的表面粗糙度等，是加工这类零件的主要技术要求和要解决的主要工艺问题。

4. 定位基准与装夹方法

支架箱体类零件在单件小批量生产中要安排划线工序。通过划线，可以合理分配各加工表面的加工余量，调整加工表面与非加工表面之间的位置关系，并且提供了定位的依据，即以划线作为粗基准。支架箱体类零件在加工过程中的精基准有两种情况：一是以一个平面和该平面上的两个孔定位，称为一面两孔定位；二是以装配基准定位，即以支架箱体的底面和导向面定位。支架箱体类零件在单件小批量生产中常用螺钉、压板等直接装夹在机床工作台上；在大批量生产中则多采用专用夹具装夹。

5. 支架箱体类零件的主要工艺特点与过程

一般说来，加工支架箱体类零件时，通常采用先面后孔的加工原则。即先加工平面，为孔加工提供稳定可靠的定位精基准，符合基准重合原则。加工过程中常需要安排时效处理，以消除工件的内应力；常采用通用的设备工装。平面在铣床、刨床上加工，轴承孔在镗床或铣床上加工。即使在大批量生产中，也只采用部分的专用设备和工装。

在单件小批量生产中，支架箱体类零件的基本工艺过程如图 6-29 所示。

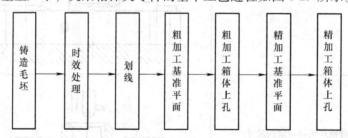

铸造毛坯 → 时效处理 → 划线 → 粗加工基准平面 → 粗加工箱体上孔 → 精加工基准平面 → 精加工箱体上孔

图 6-29　支架箱体类零件的基本工艺过程

6.3.6　支架箱体类零件机械加工工艺规程

1. 支架箱体类零件的功用及结构特点

支架箱体类零件是机器部件的基础零件，用以支承和组装轴系零件，并使各零件之间保证正确的位置关系。因此，支架箱体类零件的加工质量在很大程度上影响机器的质量。

如图 6-30 所示，图 6-30a、b 所示是常见的轴承架，图 6-30c 所示是减速器箱体。

2. 拟定支架箱体类零件工艺过程的原则

（1）先面后孔　支架箱体类零件基本由平面和支承孔组成。一般应先加工主要平面

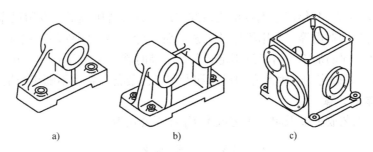

图 6-30 支架箱体类零件

（也可能包括一些次要平面），后加工支承孔。这样可为孔的加工提供稳定可靠的定位基准面；此外，主要平面是支架和箱体在机器上的装配基准，先加工主要平面可使定位基准与装配基准重合，从而消除因基准不重合而引起的定位误差。

（2）粗、精加工分开 对于刚性较差，要求较高的支架箱体类零件，为了减少加工后的变形，一般要粗、精加工分开，要根据支架、箱体的结构特点、尺寸和精度要求，选择适当的设备进行加工。

支架箱体主要平面的加工，对于中小件，一般在牛头刨床或普通铣床上进行；对于大件，一般在龙门刨床或龙门铣床上进行。

支架箱体支承孔的加工，对于中小件，可在镗床上进行，也可在铣床上进行，小支架还可以在车床上进行；对于大件，一般只能在镗床上进行。孔系加工只宜在镗床上进行，一般精度孔多采用摇臂钻床加工。

根据上述分析，在单件小批生产中要求较高的支架箱体类零件的主要工艺过程可安排为：铸造毛坯→划线→粗加工主要表面→粗加工支承孔→精加工主要表面→精加工支承孔。

至于其他次要表面的加工，可根据情况穿插进行，螺钉孔的加工往往放在最后进行。

6.4 工艺方案技术经济分析

工艺方案技术经济分析是研究如何用最少的社会消耗、最低的成本生产出合格的产品，即通过比较各种不同工艺方案的生产成本选出其中最为经济的加工方案。

6.4.1 生产成本与工艺成本

生产成本是指制造一个零件或产品所必需的一切费用的总和。生产成本分为两类：一类是与工艺过程直接有关的费用称为工艺成本，工艺成本占生产成本的 70% ~ 75%，如材料费、生产工人的工资、机床使用折旧费和维修费，工艺装备的折旧费和维修费，以及车间和工厂的管理费用等；另一类是与工艺过程没有直接关系的费用，如非生产人员开支，厂房折旧费和维修费、照明取暖费等。

1. 工艺成本的组成

按照工艺成本与年产量的关系可分为以下两部分费用。

（1）可变费用 V 与年产量直接有关的费用。这类费用包括：材料或毛坯费用、操作工人工资、通用机床折旧费和维修费、通用工艺装备的折旧费和维修费以及机床电费等。该费用随年产量增减而变化。

（2）不变费用 C 与年产量无直接关系的费用。这类费用包括：专用机床折旧费和维修费、专用工艺装备的费用等。专用机床及工艺装备是专为某些零件的某些加工工序所用的，它不能用于其他工序的加工，当产量不足、负荷不满时就只能闲置不用。由于设备折旧年限（或年折旧费用）是确定的，因此专用机床和专用工艺装备的费用不随年产量变化。

2. 工艺成本的计算

零件的全年工艺成本 E 及单件工艺成本 E_d 计算公式为

$$E = VN + S, \quad E_d = V + \frac{S}{N}$$

式中　E——零件全年成本（元/年）；

　　　E_d——单件工艺成本（元/件）；

　　　N——零件年产量（件/年）；

　　　V——可变费用（元/件）；

　　　S——不变费用（元/年）。

全年工艺成本与年产量关系如图 6-31 所示，E 与 N 呈线性关系，说明全年工艺成本随着年产量的变化而成正比变化。

单件工艺成本与年产量关系如图 6-32 所示，其图形为一双曲线。当 N 增大时，E_d 逐渐减小，极限值接近于可变费用 V。

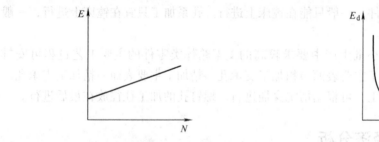

图 6-31　全年工艺成本与年产量的关系

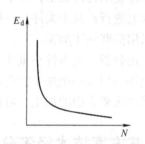

图 6-32　单件工艺成本与年产量的关系

3. 不同工艺方案经济性（工艺成本）比较

对于两个不同的工艺方案进行经济性比较时，一般情况下，如果两种工艺方案的基本投资相近，或在采用现有设备条件下，工艺成本即可作为衡量各种方案经济性的依据。

对各种工艺方案进行经济分析时，只要分析工艺成本即可，因为在同一生产条件下第二类费用基本上是相等的。

1）如果两种方案 Ⅰ、Ⅱ 只有少数工序不同，可比其单件工艺成本，即

　　方案 Ⅰ　$E_{d1} = V_1 + \dfrac{S_1}{N}$

　　方案 Ⅱ　$E_{d2} = V_2 + \dfrac{S_2}{N}$

则 E_d 值小的方案经济性好。

2）如果两种方案 Ⅰ、Ⅱ 有较多工艺不同时，应比较其全年工艺成本，即

　　方案 Ⅰ　$E_1 = NV_1 + S_1$

　　方案 Ⅱ　$E_2 = NV_2 + S_2$

则 *E* 值小的方案经济性好。

由此可知，各方案的取舍与加工零件的年产量有密切关系，当两种方案的工艺成本相同时的年产量称为临界年产量 N_k，临界年产量 N_k 可由计算确定。

6.4.2　降低工艺成本途径与加强工艺管理

1. 降低工艺成本途径

1）明确工艺过程的基本要求。

2）合理选择机床和工艺装备。

3）正确选择毛坯和提高质量。

4）改进机械加工方法。

5）优化工艺参数。

2. 加强工艺管理

工艺管理是工艺装备和工艺技术之间的纽带和桥梁，是一种无形的、潜在的资源。它着眼于工艺装备和工艺技术的综合，综合可以形成新的生产力。加强组织管理或在有效管理基础上再进行科学的革新、改造也往往能收到事半功倍的效果。

（1）产品设计应与工艺设计相结合　为了合理、经济地进行生产，应从设计开始，直至确定结构、材料、选择加工方法和设备、安排生产计划等，都应考虑制造工艺的要求，将生产中可能出现的问题解决在技术准备阶段，而不是等到生产中损失已经出现再去弥补，虽然确定工艺是工艺工程师的职责，但是采用什么方法和设备来加工零件，设计师起着间接的、却又十分关键的作用。有一个很典型的例子：某一飞机工厂，花费了大量精力和财力以完成一个精度要求很高的宇航器薄板覆盖件的加工。为此制备了高精度的模具，甚至还专门购进一台昂贵的大台面高精度冲压机床，理由是图样技术要求中标有"全部尺寸公差为 0.05mm"，而调查表明，放在这个特殊凹坑中的唯一东西竟是驾驶员的鞋尖。可见结构设计、确定精度要求等是直接关系到将要采用的加工方法和成本的。

（2）工艺的统筹　编制工艺规程的过程，实际上就是根据产品零部件的技术要求和企业的生产条件，以科学理论和方法为指导，选择加工方法，合理拟定加工程序，是在对各种加工方法、工具、设备的优缺点进行全面分析的基础上进行统筹安排的过程。这个落实过程为各工序之间的协调。

（3）工艺的实施控制　工艺管理也是一个系统工程。工艺部门对所设计的工艺规程、专业工艺守则、工装设计质量等还应在实际生产中进行核验和改进。对于新产品更应如此，工艺控制更应注重生产过程的合理化和工艺纪律的贯彻执行。

（4）工艺纪律的贯彻和考核　工艺纪律是指由全部技术文件和工艺管理程序所确定的应遵守的纪律，包括工艺管理机构工作的科学性，工艺操作人员素质，工艺技术文件和工艺规程的正确、齐全、统一，以及各类文件的修改程序。严肃工艺纪律的最终目的是保证工艺工作顺利有序地进行。

复习思考题

1. 何谓生产过程、工艺过程、工序？

2. 根据基准作用的不同，基准分为哪几种？

3. 何谓六点定位原理？加工时工件是否都要完全定位？

4. 常用的工艺文件有哪几种？各适用于什么场合？

5. 退火、正火、时效、调质等工序一般安排在工艺过程中什么位置？

6. 拟定零件的工艺过程时，应考虑哪些主要因素？

7. 如图 6-33 所示小轴 30 件，毛坯为 $\phi32\text{mm} \times 104\text{mm}$ 的圆钢料，若用两种方法加工：

1）先整批车出 $\phi28\text{mm}$ 一端的端面和外圆，随后仍在这台车床上整批车出 $\phi16\text{mm}$ 一端的端面和外圆。

2）在一台车床上逐件进行加工，即每个工件车完成 $\phi28\text{mm}$ 的一端后，立即调头车 $\phi16\text{mm}$ 的一端。

试问这两种方案分别是几道工序哪种方案较好，为什么？

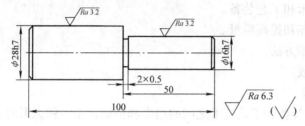

图 6-33　小轴

8. 试分别分析图 6-34 所示安装方法工件的定位情况，回答问题：①指出定位表面；②各定位表面限制了哪几个自由度？③属于哪种定位？

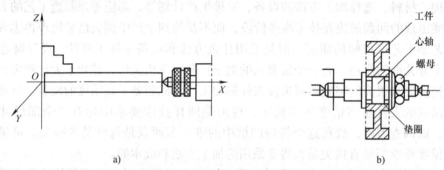

a)　　　　　　　　　　　　　　　　b)

图 6-34　轴与套的安装定位

a）轴　b）套

9. 图 6-35 所示为钻孔模具，试分析夹具的定位面及工件的定位情况和定位属性。

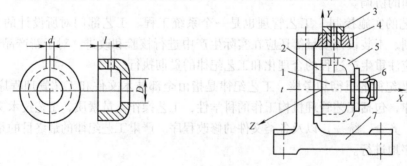

图 6-35　钻模

1—定位销　2—定位板　3—导向套　4—钻模板　5—工件　6—螺母　7—夹具体

10. 如图 6-36 所示，请编制轴类零件在单件小批生产中的工艺过程（卡片）。

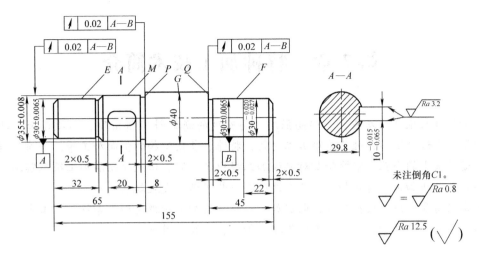

图 6-36　阶梯轴

11. 如图 6-37 所示，请编制套类零件在单件小批生产中的工艺过程（卡片）。

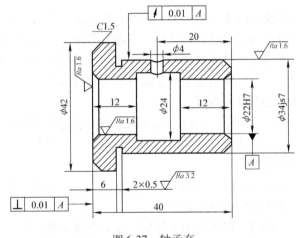

图 6-37　轴承套

第7章 特种加工技术简介

随着科技与生产的发展，一些高强度、高硬度的新材料不断出现，如钛合金、硬质合金、陶瓷、人造金刚石、硅片等难加工材料，特殊、复杂结构的型面加工等，如喷气涡轮机叶片、喷丝头上的小孔、窄缝等都对机械加工提出了挑战。传统的切削加工很难解决上述问题有些甚至无法加工，特种加工正是在这种新形势下迅速发展起来的。

本章仅简要介绍电火花加工、电解加工、超声波加工和激光加工等特种加工方法。要求了解和掌握各种特种加工方法的工作原理、加工特点和应用等。

7.1 特种加工概述

特种加工是相对于传统切削加工而言的。传统的切削加工是利用刀具从工件上切除多余的材料，而特种加工是直接利用电能、化学能、声能、光能、热能等形式去除坯料或工件上多余材料的加工方法。因为加工过程中工具与工件之间没有机械力的作用，也不会因工件太硬而不能加工，从而成为一类特殊的加工方法而称其为特种加工。

1. 特种加工对机械制造技术的影响

随着特种加工技术的广泛应用，已经在机械制造领域引起许多变革，特别是在材料的可加工性、工艺路线安排、零件结构设计和结构工艺性评价等方面对机械制造技术产生了深刻的影响，主要体现在以下几个方面：

（1）提高了材料的可加工性 一般石英、金刚石、硬质合金、淬火钢是很难加工的，但对特种加工来说淬火钢比未淬火钢更容易加工。

（2）改变了传统工艺路线 在传统加工领域，除磨削加工外，其他加工、成形方法都必须安排在淬火（热处理）工序之前，这是工艺安排必须遵守的准则，而为了避免和减少淬火热处理引起的变形，采用特种加工方法一般是先淬火（热处理）后再加工，如电火花成形加工、电火花线切割、电解加工等。

（3）改变零件结构设计 例如山形硅钢片冲模，一般采用镶拼式结构，现在采用电火花成形、电火花线切割加工技术就可设计成整体式结构，其综合效果更好。

（4）引起结构工艺性评价标准变化 以往普遍认为方孔、小孔、弯孔、窄缝等是工艺性差的典型，对于电火花穿孔加工、电火花线切割加工来说，加工方孔和加工圆孔的难易程度是一样的。喷油嘴小孔、喷丝头小异形孔、涡轮叶片上大量的小冷却深孔、窄缝，静压轴承和静压导轨的内油囊型腔等，采用电火花加工技术以后都变难为易了。

2. 特种加工技术的工艺特点

由于特种加工方法具有其他加工方法无可比拟的优点，现在已经成为机械制造技术领域的重要组成部分，并在现代加工技术中占有越来越重要的地位，尽管特种加工方法种类很多，但归纳起来其工艺特点如下：

1）特种加工的工具与被加工零件基本不接触，工具材料的硬度可低于工件材料的硬度，加工时不受工件的强度和硬度的制约，故可加工超硬脆材料和精密微细零件。

2）加工时主要用电、电化学、声、光、热等能量去除多余材料，而不是靠机械能量切除多余材料的。

3）加工机理不同于一般金属切削加工，不产生宏观切屑，不产生强烈的弹、塑性变形，故可获得很小的表面粗糙度值，其残余应力、冷作硬化、热影响度等也远比一般金属切削加工小。

4）加工能量易于控制和转换，故加工范围广、适应性强。

5）加工对象不同，特种加工方法主要针对高强度、高硬度、难加工材料，如钛合金、硬质合金等金属材料，陶瓷、人造金刚石、硅片等非金属材料等，以及特殊、复杂结构的型面加工等，如薄壁、小孔、窄缝等。

7.2 特种加工方法

7.2.1 电火花加工

电火花加工是指在一定介质中，通过工具电极和工件电极之间脉冲放电的电蚀作用，是一种电能、热能加工方法。

1. 电火花成形加工

（1）电火花成形加工原理　电火花成形加工原理如图 7-1 所示。工具电极 4 和工件 1 浸在工作液 5 中。脉冲电源 2 不断发出脉冲电压（直流 100V 左右）加在工具电极、工件上。当两极间的距离很小（0.01~0.05mm）时，由于电极的微观表面凹凸不平，极间相对最近点电场强度最大，最先击穿。工作液被电离成电子和正离子，形成放电通道。通道内电流密度很大，达 $10^4 \sim 10^7 \mathrm{A/cm^2}$。在电场力的作用下，通道内的电子高速奔向阳极，正离子奔向阴极，并且在通道内互相碰撞，放出大量的热，使通道成为一个瞬时热源。通道中心的温度高达 10000℃ 左右，使电极表面放电处金属迅速熔化，甚至汽化。

上述放电过程极为短促，具有爆炸性质。爆炸力把熔化和汽化的金属抛离电极表面，被工作液迅速冷却凝固，继而从两极间被冲走。每次火花放电后使工件表面形成一个凹坑。在自动进给调节装置 3 控制下，工具电极不断进给，脉冲放电将不断进行下去，无数个电蚀小坑将重叠在工件上。最终工具电极的形状相当精确地"复印"在工件上。生产中可以通过控制极性和脉冲的长短（放电持续时间的长短）控制加工过程。

电火花成形加工过程中，不仅工件被蚀除，工具电极也同样遭到蚀除，但两极的蚀除量不一样。工件应接在蚀除量大的一极。当脉冲电源为高频（即用脉冲宽度小的短脉冲作精加工）时，工件接正极。当脉冲电源输出频率低（即用脉宽大的长脉冲作粗加工）时，工件应接负极。当用钢作工具电极时，工件一般接负极。

（2）电火花成形机床的组成　电火花加工在专用的电火花成形机床上进行。如图 7-1 所示，电火花成形机床一般由脉冲电源、自动进给机构、机床本体及工作液循环过滤系统等部分组成。工件固定在机床工作台上。脉冲电源提供加工所需的能量，其两极分别接在工具电极与工件上。工具电极在自动进给机构的驱动下不断下降，使工具电极与工件在工作液中相互靠近，极间电压击穿间隙而产生火花放电，工作液循环过滤系统将电蚀产物从工作液中过滤出去。

电火花成形机床已有系列产品。根据加工方式可将其分成两种类型：一种是用特殊形状的电极工具加工相应工件的电火花成形机床；另一种是用线（一般为钼丝、钨丝或铜丝）电极加工二维轮廓形状工件的电火花线切割机床。

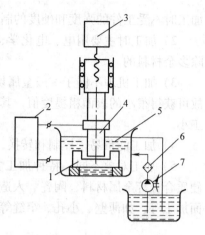

图 7-1 电火花成形加工原理
1—工件 2—脉冲电源 3—自动进给
调节装置 4—工具电极 5—工作液
6—过滤器 7—工作液泵

（3）电火花成形加工工艺规律

1）电火花成形加工的效率。电火花加工的加工速度越快，其加工效率越高。一般用单位时间内被加工件的蚀除量来表示。

影响加工生产率的因素有电参数和非电参数两方面。

① 电参数方面。提高脉冲频率是提高生产率的有效途径，但脉冲频率太高，脉冲间歇时间过短，会导致工作液来不及"消电离"恢复绝缘，引起加工稳定性差，甚至电极间形成持续电弧放电，破坏了电火花加工过程。

单个脉冲能量的大小是影响生产率的重要因素。增加单个脉冲能量，一是提高脉冲电压和加大脉冲电流（脉冲频率不变），另一条途径是增大脉冲宽度。增加单个脉冲能量可提高生产率，但同时会降低加工精度及表面质量。

② 非电参数方面。电极材料和加工极性的不同，排屑条件的好坏，采用不同的工作液，以及加工不同的材料时，其生产率都不一样。

电火花成形加工的生产率，粗加工可达 $200 \sim 1000 \mathrm{mm^3/min}$，半精加工时为 $20 \sim 100 \mathrm{mm^3/min}$，精加工一般都在 $20 \mathrm{mm^3/min}$ 以下。

2）电火花成形加工的精度与表面质量。电火花成形加工时，由于工具电极与工件之间存在放电间隙，因此，加工出的孔或型腔的尺寸一定会稍大于工具电极的尺寸，由于放电间隙不恒定，工具电极的逐步损耗等，就造成加工误差，例如尺寸误差、圆度误差、倾斜度误差等。所以要获得较高精度，应使间隙较小，而且加工过程中要稳定地保持间隙恒定。

加工型腔时，可采用几个工具电极分别粗、精加工，但更换电极，电极找正工作很困难。目前国内外普遍采用损耗率很小的石墨工具电极先粗、中加工，然后利用平动工艺来修光型腔表面，达到所需尺寸。

一般电火花加工的尺寸精度可达 $0.05 \sim 0.01 \mathrm{mm}$。

电火花加工后的表面质量是指表面粗糙度及表层的化学成分和物理力学性能。表面粗糙度主要受单个脉冲能量大小的影响。

一般粗加工时 $Ra = 6.3 \sim 3.2 \mu\mathrm{m}$，精加工时 $Ra = 1.6 \sim 0.2 \mu\mathrm{m}$。电火花加工的表面粗糙度与生产率之间存在很大矛盾，如 Ra 值从 $1.6 \mu\mathrm{m}$ 减小到 $0.8 \mu\mathrm{m}$，生产率要下降十多倍，因此应适当选用电火花加工的表面粗糙度值。

电火花加工后的表面层由于受瞬时高温作用和工作液的冷却作用，其化学成分和力学性能均要发生变化，一般表面硬度和耐磨性都有较大提高。

（4）电火花加工的工艺特点及应用

1）适应性强。任何硬脆、软韧材料及难切削材料，只要能导电，都可以加工，如淬火钢和硬质合金等，加工不受工具材料硬度限制。工具电极一般采用纯铜或石墨等。

2）加工时"无切削力"，因此，一些难以加工的小孔、窄槽、薄壁件和各种特殊及复杂形状截面的型孔、型腔等，如加工形状复杂的注塑模、压铸模及锻模等，都可以方便地进行加工，如图7-2所示。同时也适用于精密微细加工。

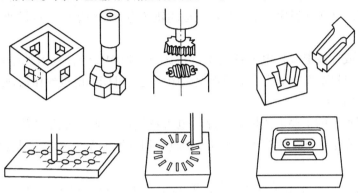

图7-2　电火花加工示例图

3）电脉冲参数可以任意调整，加工过程基本上没有热变形的影响。因此，一台电火花加工机床可以连续地进行粗加工、半精加工和精加工。

2. 电火花线切割加工

电火花线切割加工，简称WEDM，是在电火花加工基础上发展起来的一种新的工艺形式，是用金属丝（钼丝或铜丝）作工具电极，靠金属丝和工件间产生脉冲火花放电对工件进行切割的，故称为电火花线切割，目前已获得广泛应用。

（1）电火花线切割加工的原理　线切割加工的基本原理与电火花成形加工相同，都是在脉冲电源作用下，通过脉冲放电而蚀除金属，达到加工目的的。

图7-3所示为电火花线切割工艺及装置示意图。

电火花线切割加工最显著的特点是：线切割是用连续移动的金属丝（一般为钼丝）代替电火花成形加工的电极。工具电极为一金属丝（通常用钼丝），线电极接高频脉冲电源的负极，工件接正极。所切割加工出的工件形状，是由数控系统（微机控制器）控制 X、Y 坐标使工作台作相应的移动而获得的。

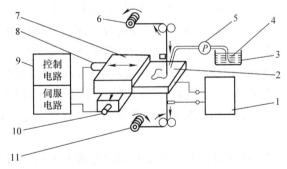

图7-3　电火花线切割工艺及装置示意图
1—脉冲电源　2—工件　3—工作液箱　4—去离子水
5—泵　6—贮丝筒　7—工作台　8—X轴电动机　9—数
控装置　10—Y轴电动机　11—收丝筒

高速走丝电火花线切割的电极丝（一般丝的直径为 $\phi 0.1 \sim \phi 0.2$mm）在火花放电时不致烧断，因此电极丝以 $8 \sim 10$m/s 的速度不断地作往复运动，为了充分地冷却电极丝，为切割加工创造良好的条件，需要向加工区喷注工作液（线切割专用工作液）。为了保证切割时火花放电正常，金属丝和工件之间不接触短路，必须适当保持较小的距离（一般为0.01mm左右），这是由变频进给系统把电极丝和工件之间的间隙电压取出，经适当处理，并经压频转换后得到进给脉冲，用进给脉冲去控制步进电动机来实现的。当电极丝和工件间的距离偏大时，自动使进给脉冲频率提高，使电极丝和工件靠近些；当电极丝和工件间的距离偏小时，自动减慢进给脉冲频率。若电极丝和工件短路时，停止发送进给脉冲；若短路 3s 仍不能自动消除短路时，微机控制器发生短路回退脉冲，使电极丝脱离与工件接触状态，以帮助消除短路。其合成运动轨迹为所需轮廓线，这样便能将一定形状的工件切割出来。

低速走丝（或称慢走丝）电火花线切割机床（WEDM-LS），是国外生产和使用的主要机种，我国已生产和逐步更多地采用慢走丝机床。这类机床的电极丝作低速单向运动，一般走丝速度低于 0.2m/s。

（2）线切割加工的主要工艺指标　评价电火花线切割加工工艺效果的好坏，一般都用切割速度、加工精度和表面粗糙度来衡量。影响线切割加工工艺效果的因素很多并且相互制约。

1）切割速度。在一定的切割条件下，单位时间内电极丝中心线在工件上切过的面积总和称为切割速，单位为 mm^2/min。最高切割速度是指在不计切割方向和表面粗糙度等条件下，所能达的最大切割速度。通常高速走丝线切割速度为 $7 \sim 10m/s$，而低速走丝切割速度为小于 0.25m/s，它与加工电流大小有关，为了在不同脉冲电源、不同加工电流下比较切效果，将每安培电流的切割速度称为切割效率，一般切割效率为 $20mm^2/$（$min \cdot A$）。

2）表面粗糙度。我国和欧洲国家通常采用轮廓算术平均偏差 Ra（μm）来表示表面粗糙度，高速走丝线切割加工的表面粗糙度 Ra 一般为 $5 \sim 2.5\mu m$，最佳也只有 $1\mu m$ 左右。低速走丝线切割加工的表面粗糙度 Ra 一般为 $1.25\mu m$，最佳可达 $0.2\mu m$。

3）加工精度。加工精度是指加工后工件的尺寸精度、形状精度（如直线度、平面度、圆度等）和方向精度（如平行度、垂直度、倾斜度等）的总称。高速走丝线切割加工的可控加工精度在 $1 \sim 0.02mm$ 之间，低速走丝线切割加工精度可达 $0.005 \sim 0.002mm$。

（3）电火花线切割加工的特点及应用

1）可以切割各种高硬度的导电材料，如各种淬火模具钢和硬质合金模具、磁钢等。

2）由于切割工件图形的轨迹采用数控，只对工件进行图形轮廓加工，因而可以切割出形状很复杂的模具，或直接切割出工件。加工工件形状和尺寸不同时，只要重新编制程序即可，目前大都采用微机编程，使数控编程工作简单易行。

3）由于切割时几乎没有切削力，故可以用于切割极薄的工件，或用于加工易变形的工件。

4）电火花线切割加工不需制造成形电极，而是用金属丝作为电极。由于线切割加工中是用移动着的长电极丝进行加工的，可不必考虑电极丝损耗。由于电极丝直径很细，用它切断贵重金属可以节省材料，它还可用于加工窄缝、窄槽（$0.07 \sim 0.09mm$）等。

由于它具有上述特点，线切割机床用于加工精密细小、形状复杂、材料特殊的模具和零件，解决了机械加工困难或无法加工的问题，效率成倍提高。电火花线切割加工在我国已被广泛用于切割加工各种冲模的凸模、凹模、固定板和卸料板；用于加工电火花成形加工用的形状复杂的工具电极；在科研和生产开发试制中，还广泛用于直接切割加工机器零件或试件，如研制特种电动机时，直接用于切割转子定子的硒钢片以及磁钢等。

7.2.2　电解加工

1. 电解加工的基本原理

如图 7-4 所示，电解加工时，工件 2 接直流电源 1 的正极，工具 3 接直流电源的负极。工具电极以一定速度缓慢向工件进给，使两极之间始终保持狭小间隙（0.1 ~ 1mm），并使具有一定压力的电解液从间隙中高速（5 ~ 60m/s）流过。工件表面金属材料不断地溶解，阳极工件表面的金属逐渐按阴极型面的形状溶解，电解产物被高速电解液带走，于是在工件表面上加工出与阴极型面基本相似的形状，直到加工尺寸及形状符合要求时为止。

电解加工成形过程如图 7-5 所示。图中工具电极（阴极）和工件电极（阳极）间的竖线表示电流，竖线的疏密程度表示电流密度。加工开始时如图 7-5a 所示，两极距离较近的地方通过的电流密度较大，电解液的流速也较高，所以工件溶解的速度较快。随着工具电极的不断进给，工件不断被溶解，直至工件与工具电极的形状完全吻合。这时电流密度分布均匀，如图 7-5b 所示。

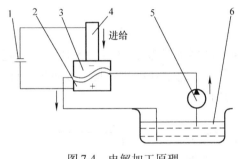

图 7-4　电解加工原理
1—直流电源　2—工件　3—工具
4—机床主轴　5—电解液泵　6—电解液槽

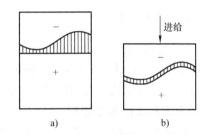

图 7-5　电解加工成形过程
a）加工开始　b）加工终止

电解加工时电化学反应是比较复杂的，它随工件材料、电解液成分、工艺参数等加工条件不同而不同。

电解加工使用的电源是直流稳压电源，采用的是低工作电压（6 ~ 24V）和大工作电流（500 ~ 2000A）。工具材料常用黄铜和不锈钢等，用得较多的电解液是氯化钠、硝酸钠和氯酸钠的水溶液。

2. 电解加工精度和表面质量

由于影响电解加工的因素较多，难以实现高精度（±0.03mm 以上）的稳定加工，很细的窄缝、小孔以及棱角很尖的表面加工比较困难，对复杂表面的工具电极的设计、制造都较费时，单件小批生产受到一定限制。

（1）加工精度　型面和型腔加工精度误差为 ±（0.05 ~ 0.20）mm；型孔和套料加工精度误差为 ±（0.03 ~ 0.05）mm。

（2）表面粗糙度　对于一般中、高碳钢和合金钢，可稳定地达到 1.6 ~ 0.4μm；对于某些合金钢可达到 0.1μm。

3. 电解加工的工艺特点和应用

1）电解加工范围广泛，不受金属材料本身硬度和强度的限制，可加工高硬度、高强度和高韧性等难切削的金属材料。

2）电解加工效率高，能以简单的进给运动一次加工出形状复杂的型面或型腔（如锻模、叶片等），生产率较高，为电火花加工的 5～10 倍。

3）加工质量好，加工过程中无机械切削力和切削热，因此，加工后零件表面没有残余应力和变形，适合于易变形或薄壁零件的加工。

4）工具（阴极）从理论上讲不会损耗，可长期使用。

电解加工工艺的应用范围很广，适宜于加工型面、型腔、穿孔套料，以及去毛刺、刻印等方面。电解抛光专用于提高表面质量，对于复杂表面和内表面特别适合。

4. 选用电解加工工艺应考虑的基本原则

1）难切削材料，如高硬度、高强度或高韧性材料的工件的加工。

2）复杂结构零件，如三维型面的叶片，三维型腔的锻模、机匣等的加工。

3）较大批量生产的工件，特别是对工具的损耗严重的工件（如涡轮叶片）的加工。

4）特殊的复杂结构，如薄壁整体结构、深小孔、异型孔、空心气冷涡轮叶片的横向孔、干涉孔、炮管膛线等的加工。

7.2.3 超声波加工

超声波是指频率超过 $16 \times 10^3 \mathrm{Hz}$ 的振动波（声波的振动频率是 $16 \sim 16 \times 10^3 \mathrm{Hz}$）。超声波的能量比声波大得多。它可以给传播方向以很大压力，能量强度达到每平方厘米几百瓦。超声波加工就是利用超声波的能量对工件进行成形加工的。

1. 超声波加工的基本原理

超声波加工是利用工具作超声频振动，通过磨料撞击和抛磨工件，使局部材料破碎，从而使工件成形的一种加工方法。其加工原理如图 7-6 所示，在工具 1 和工件 5 之间注入液体（水或煤油等）和磨料混合的磨料悬浮液 6，使工具对工件保持一定的进给压力，并将超声波发生器 7 产生的超声频振荡，通过换能器转换成超声频纵向振动，频率为 16～30kHz，振幅为 0.01～0.15mm。磨料在工具的超声振动作用下，以极高的速度不断地撞击工件表面，其冲击加速度可达重力加速度的 10000 倍左右，使材料在瞬时高压下产生局部破碎。由于悬浮液的高速搅动，又使磨料不断抛磨工件表面。随着悬浮液的循环流动，使磨料不断得到更新，同时带走被粉碎下来的材料微粒。工具的形状便"复印"在工件上。

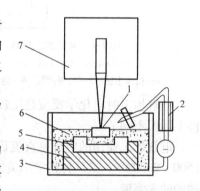

图 7-6　超声波加工原理
1—工具　2—冷却器　3—加工槽
4—夹具　5—工件　6—磨料悬
浮液　7—超声波发生器

在工作中，超声振动还使悬浮液产生空腔，空腔不断扩大直至破裂或不断被压缩至闭合。这一过程时间极短，空腔闭合压力可达几千大气压，爆炸时可产生水压冲击，引起加工表面破碎，形成粉末。

2. 超声波加工的特点

1）适合于加工各种硬脆材料，特别是不导电的非金属材料和半导体材料，例如玻璃、陶瓷、宝石、金刚石以及硅和锗等。对于导电的硬质合金、淬火钢等也可加工，但效率较低。

2）加工中工件材料的去除是靠磨粒直接作用的，工具材料的硬度可以低于被加工材料的硬度，因此易于加工成各种复杂形状。加工不需要工具作复杂的（旋转）运动。

3）超声波加工是靠极小的磨料作用，无宏观机械力，所以加工精度较高，一般达 0.02mm，表面粗糙度 $Ra = 1.25 \sim 0.1\mu m$，被加工表面也无残余应力、组织改变及烧伤等现象。

3. 超声波加工的基本工艺规律

（1）超声波加工的效率

1）磨料种类和粒度的选择。超声波加工时，针对不同硬度的工件材料，应选用不同的磨料。例如，加工宝石和金刚石等超硬材料，必须选用金刚石；加工淬火钢、硬质合金，应选用碳化硼；加工玻璃、石英和锗、硅半导体材料等，选用氧化铝磨料即可。一般来说，磨料的硬度越高，粒度应越粗，加工速度就越快。但在选择时，还要综合考虑加工精度、表面粗糙度和经济成本等多方面的因素。

2）被加工材料的性质。由于超声波加工的基本特征是靠超声频的振动去除材料，因此材料越硬脆，则越易去除；材料的韧性越好，则越难去除。

此外，加工效率还与进给压力、工具振幅和频率以及磨料悬浮液浓度有关。

（2）超声波加工精度和表面质量

1）磨料粒度。当采用磨料悬浮液加工时，在工具尺寸确定后，加工出孔的最小直径约等于工具直径加 2 倍的磨粒平均直径。采用 F240 ~ F280 磨粒时，孔的尺寸精度可达 0.05mm，采用 W28 ~ W7 微粉加工时，孔的尺寸精度可达 ±0.02mm。

2）表面质量。超声波加工具有良好的表面质量，既不会产生表面变质层，也不会产生表面烧伤。超声波加工的表面粗糙度主要受磨粒尺寸、超声振幅大小和工件材料硬度的影响，一般表面粗糙度 Ra 值可达 $1.25 \sim 0.1\mu m$。

在超声波加工中表面粗糙度 Ra 值的大小，主要取决于每颗磨粒每次撞击工件材料时所留下凹痕的大小与深浅。

此外，超声波加工精度和表面质量还与机床、夹具、工具材料等因素有关。

4. 超声波加工的应用

超声波加工的生产率一般低于电火花加工和电解加工，但加工精度和表面质量都优于前者。更重要的是，它能加工前者所难以加工的半导体和非导体材料。

（1）型孔和型腔加工　目前超声波加工主要用于加工硬脆材料的圆孔、异形孔和各种型腔，以及进行套料、雕刻和研抛等，如图7-7所示。

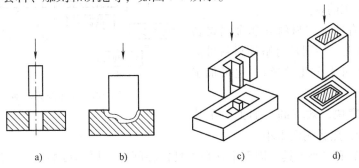

图 7-7　超声波加工型孔和型腔图

a）加工圆孔　b）加工型腔　c）加工异型孔　d）套料加工

（2）切割加工　半导体材料锗、硅等又硬又脆，用机械切割非常困难，采用超声波切割则十分有效。

（3）超声波清洗　由于超声波在液体中会产生交变冲击波和超声空化现象，这两种作用的强度达到一定值时，产生的微冲击就可以使被清洗物表面的污渍遭到破坏并脱落下来。加上超声作用无处不入，即使是小孔和窄缝中的污物也容易被清洗干净。

目前，超声波清洗不但用于机械零件或电子器件的清洗，国外已利用超声振动去污原理，生产出超声波洗衣机。

7.2.4　激光加工

激光加工是利用功率密度极高的激光束照射工件被加工部位，使材料瞬间熔化或蒸发，并在冲击波作用下将熔融物质喷射出去，从而对工件进行穿孔、蚀刻、切割，或采用较小能量密度，使被加工区域材料呈熔融状态，对工件进行焊接。

1. 激光加工的基本原理

利用激光光束的能量加工时，应具备两个条件：一是光束必须具备足够的能量密度，以满足加工对光束的能量要求；二是光束必须是波长相同的单色光，以便把光束的能量聚焦在极小的面积上，获得高温。

激光是一种亮度高、方向性好、单色性好的相干光。由于激光发散角小，通过光学系统可以聚焦成一个极小光束（微米级）。把光束聚集在工件的表面上，由于区域小、亮度高，其焦点处的功率密度可达 $10^8 \sim 10^{10}\,\text{W/cm}^2$，温度可超过 10000℃，在此高温下，任何坚硬的材料都将瞬时急剧熔化和蒸发，并产生很强的冲击波，使熔化物质爆炸式地喷射去除，激光加工就是利用这种原理进行的。

根据产生激光的工作物质不同，激光器可分为固体激光器和气体激光器两大类。

固体激光器的工作原理如图 7-8 所示。当激光工作物质（如红宝石）受到光泵（脉冲氙灯）的激发后，会有少量激发粒子自发发射出光子，于是所有其他激发粒子受感应将产生受激发射，造成光放大。放大的光通过聚光腔（由两个反射镜组成谐振腔）的反馈作用产生振荡，并从谐振腔的一端输出激光。激光通过透镜聚焦到工件上的待加工表面实现加工。

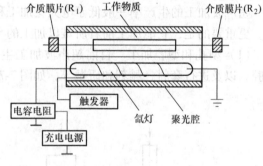

2. 激光加工的特点及应用

（1）激光加工的特点

1）几乎所有的金属材料和非金属材料都可以用激光加工。特别是对坚硬材料可进行微小孔加工（可小至几微米），也可加工异形孔。

图 7-8　固体激光器加工原理

2）加工速度快，效率高，加工一个孔只需千分之一秒，热影响区很小。

3）激光加工不需要工具，因而不存在工具损耗问题，属非接触加工，没有机械加工变形。

（2）激光加工的应用

1）激光加工孔。利用激光可加工微小孔，目前已广泛应用于金刚石拉丝模、钟表宝石轴承、陶瓷、玻璃等非金属材料和硬质合金、不锈钢等金属材料的小孔加工，尺寸公差等级最高可达 IT7，表面粗糙度 $Ra = 0.4 \sim 0.1\mu m$，深径比大于 50，加工最小孔径为 $2\mu m$。

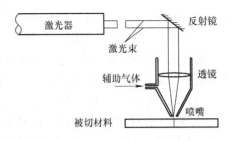

图 7-9 激光器切割原理示意图

2）激光切割。如图 7-9 所示，激光切割时，工件与激光束要相对移动，激光切割一般采用大功率的二氧化碳激光器，对于精细切割，如半导体硅板，也可采用掺钕钇铝石榴石固体激光器。激光切割的切缝宽度一般小于 0.5mm，最小可达 0.025mm。用大功率二氧化碳气体激光器可以切割钢板、钛板、石英、陶瓷以及塑料、木材、纸张等，其工艺效果都较好。

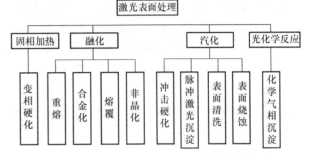

图 7-10 激光表面处理分类

3）激光焊接。激光焊接时不需要很高的能量密度，只要将工件的焊接区烧熔，使其粘合即可。适用于对热敏感很强的晶体管元件焊接或微型精密焊接。激光不仅能焊接同种材料，而且还可焊接不同种类的材料，甚至还可焊接金属与非金属材料，例如陶瓷作基体的集成电路激光焊接。激光焊接过程迅速，热影响区小，没有焊渣，也不用去除氧化膜。

4）激光表面处理。利用激光对金属表面扫描，可以对零件表面强化处理、表面合金化处理等。激光表面处理分类如图 7-10 所示。图 7-11a 所示是硬化示意图，这种工艺仅适用于黑色金属，并且在工件的处理过程中，表面温度必须低于其熔点；图 7-11b 所示是重熔示意图，是要把材料表面加热到熔点以上，在材料表面生成一个重熔层；图 7-11c 所示是熔覆的示意图，其特点是激光加

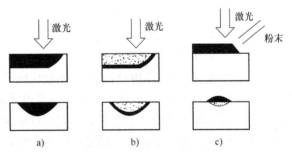

图 7-11 激光表面处理示意图
a）硬化 b）重熔 c）熔覆

热时伴随有新材料的填充，合金化从机理上也是属于这个范畴。

7.2.5 电子束与离子束加工

1. 电子束加工

（1）电子束加工的基本原理 电子束加工是在真空条件下，利用电流加热阴极发射电子束，带负电荷的电子束高速飞向阳极，途经加速极加速，并通过电磁透镜聚焦，使能量密度非常集中，可以把 1000W 或更高的功率集中到直径为 $5 \sim 10\mu m$ 的斑点上，获得高达 $10^9 W/cm^2$ 左右的功率密度。高速电子撞击工件材料时，因电子质量小速度大，动能几乎全

部转化为热能，使工件材料被冲击部分的温度，在 10^{-6}s 时间内升高到几千摄氏度以上，热量还来不及向周围扩散，就已把局部材料瞬时熔化、汽化直到蒸发去除。所以电子束加工是通过热效应进行加工的，如图 7-12 所示。

（2）电子束加工的特点及应用

1）被加工材料范围广泛，包括各种硬脆性、韧性、导体、非导体、热敏性、易氧化材料、金属和非金属材料。

2）电子束能量密度高，聚焦点范围小，加工速度快，电子束的强度和位置均可由电、磁的方法直接控制，生产效率高（如加工孔每秒可加工几十至几万个）。

3）电子束加工主要靠瞬时蒸发，工件很少产生应力和变形，加工是在真空室内进行的，熔化时没有空气的氧化作用。

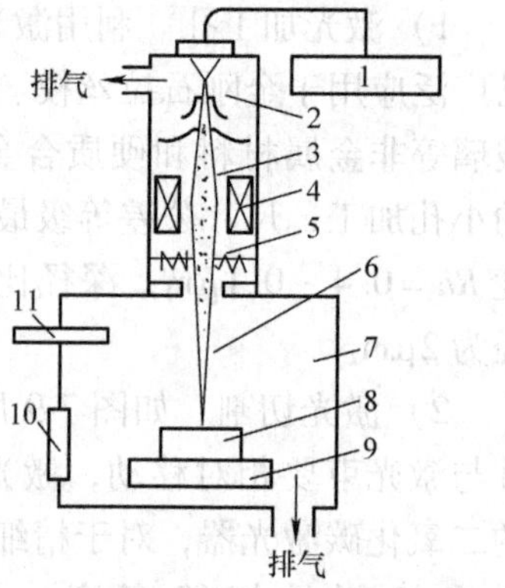

4）电子束常用于加工精微深孔和窄缝，还用于焊接、切割、热处理、蚀刻等，如图 7-13 所示。

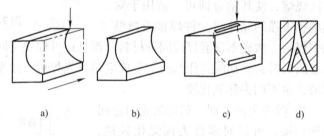

图 7-12　电子束加工原理图
1—高速加压　2—电子枪　3—电子束
4—电磁透镜　5—偏转器　6—反射镜
7—加工室　8—工件　9—工作台及
驱动系统　10—窗口　11—观察系统

2. 离子束加工

（1）离子束加工的基本原理

离子束加工原理与电子束加工类似，也是在真空条件下，把氩（Ar）、氪（Kr）、氙（Xe）等惰性气体，通过离子源产生离子束并经过加速、集束、聚焦后，投射到工件表面的加工部位，以实现去除加工。与电子束加工所不同的是离子的质量比电子的质量大千万倍，例如最小的氢离子，其质量是电子质量的 1840 倍，氩离子的质量是电子质量的 7.2 万倍。由于离子的质量大，故在同样的电场中加速较慢，速度较低，但一旦加速到最高的速度时，离子束比电子束具有更大的能量。因此，离子束加工主要是通过离子微观撞击动能实现的。

图 7-13　电子束加工应用
a)　　　　b)　　　　c)　　　　d)

（2）离子束加工的特点与应用

1）离子束通过离子光学系统进行扫描，可使微离子束聚焦到光斑直径 $1\mu m$ 以内进行加工，并能精确控制离子束流注入的宽度、深度和浓度等，因此能精确控制加工效果。

2）离子束加工在真空中进行，离子的纯度比较高，适合于加工易氧化的材料，加工时产生的污染少。离子束加工是靠离子撞击工件表面的原子而实现的。这是一种微观作用，宏观作用力小，工件应力变形小，所以对各种硬脆性合金、半导体、高分子等非金属材料都可以加工。

3）离子束加工主要用于精密、微细以及光整加工，特别是对亚微米至纳米级精度的加工。通过对离子束流密度和能量的控制，可对工件进行离子溅射、离子铣削、离子蚀刻、离子抛光和离子注入等加工。例如利用离子溅射，加工非球面透镜、金刚石刀具的最后刃磨；利用离子蚀刻，借助于掩膜技术可以在半导体上刻出小于 $0.1\mu m$ 宽度的沟槽；利用离子抛光，可以把工件表面的原子一层层地抛掉，从而加工出没有缺陷的光整表面。

复习思考题

1. 什么是特种加工？它与传统的切削加工相比有何特点？

2. 简述电火花、电解、超声波和激光加工的特点和应用，并比较它们的异同点。

3. 如图 7-14 所示，加工零件上 $\phi0.15$mm 的小孔，三种零件材料不同，分别应选用哪些加工方法？

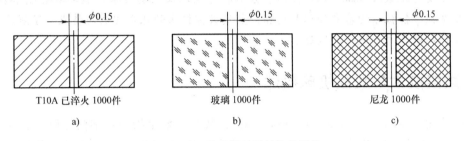

<table>
<tr><td>a)</td><td>b)</td><td>c)</td></tr>
</table>

图 7-14　三种不同材料的块状零件

第8章　数控加工技术简介

本章主要讲述数控机床的基本概念、分类和特点以及主要技术参数和数控技术发展等。要求学生掌握数控机床的基本知识和内容，熟悉数控机床的基本组成与特点，了解其发展趋势和在先进制造技术领域中的地位。

8.1　数控技术与数控机床概述

数控即数字控制（Numerical Control，NC），数控技术是指用数字信号形成的控制程序对一台或多台机械设备进行控制的一门技术；数控机床是采用数字控制技术对机床各移动部件相对运动进行控制的机床。

简单地说，数控机床就是采用了数控技术的机床，即将机床的各种动作、工件的形状、尺寸以及机床的其他功能，用一些数字代码表示，把这些数字代码通过信息载体输入给数控系统，数控系统经过译码、运算以及处理，发出相应的动作指令，自动地控制机床的刀具与工件的相对运动，从而加工出所需要的工件。数控机床就是一种具有数控系统的、自动完成零件加工的一种灵活、高效的自动化机床。

数控机床是最典型的机电一体化产品，目前伴随计算机、微电子、信息、自动控制及精密检测技术的高速发展，数控机床正朝着高速度、高精度、高工序集中度、高复合化和高可靠性等方向发展，同时其应用范围也越来越广泛。

8.1.1　数控机床的组成与工作原理

1. 数控机床的组成及作用

一般数控机床主要由程序介质、数控装置、伺服机构和机床主体四个基本部分组成，如图 8-1 所示。

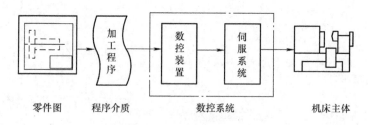

零件图　　程序介质　　　　　数控系统　　　　机床主体

图 8-1　数控机床的组成

（1）程序介质　是指信息输入的载体，零件的加工程序必须使用代码、按照规定格式书写，并且要以一定的方式记录下来，才能输入机床的数控装置。记录程序所用的信息载体称为输入介质。

（2）数控装置　是数控机床的控制中心，数控装置一般有两种类型：专用数控装置（简称 NC 数控装置）和通用数控装置（简称 CNC 数控装置）。目前，数控机床大多采用通用 CNC 数控装置。

　　CNC 数控装置也即计算机数字控制，一般是通用或专用微型计算机。CNC 系统是利用存储在计算机存储器里的系统程序，实现对机床数字逻辑控制的。系统程序一般分为管理软件和控制软件两部分。

　　CNC 系统在硬件结构中目前常见的多为单微处理器结构，它由运算器（CPU）、控制器、存储器、位置控制器和各种接口组成。

　　由于 CNC 系统用软件来实现数控机床的逻辑控制，所以对于不同要求的控制，只要改变软件就能实现不同的控制功能，体现了计算机数控的灵活性和适应性。

　　（3）伺服系统　是数控机床的执行机构，包括驱动和执行两大部分。伺服系统是以机床移动部件（如工作台）的位置和速度为控制量的自动控制系统。它接受来自数控装置插补运算产生的指令，并按照指令信息的要求带动机床的移动部件运动或使执行部分动作，以加工出符合要求的零件。指令信息是以脉冲信息体现的，每一脉冲使机床移动部件产生的位移量称为脉冲当量。常用的脉冲当量为 0.001 ~ 0.01mm。

　　伺服系统常用的执行元件有步进电动机、直流伺服电动机和交流伺服电动机，后两者都带有光电编码器等位置测量元件，可实现闭环控制。

　　伺服系统中驱动装置还包括控制电路、功率放大电路等。

　　（4）机床主体　数控机床上完成各种切削加工的机械部分称为机床本体，它是采用高性能的主轴及伺服传动系统，机械传动部分的结构简单、传动链较短，具有较高的刚度、阻尼及耐磨性、热变形小，采用高效传动部件如滚珠丝杠副、直线滚动导轨副等。

　　2. 数控机床的工作原理

　　普通机床的运动是通过人脑发出指令，由人的手操作有关手柄、按钮来控制机床运动的，而数控机床是通过计算机发出指令直接控制机床运转的。数控加工不需要人直接操纵，但机床必须执行人的意图。操作者首先要按照加工零件图样的要求，将零件加工过程中所需要的各种操作、步骤以及刀具与工件的相对位移量用数字化的代码来表示，用规定的代码和程序格式，编制加工程序，把人的意图转变为数控机床能接受的信息。

　　一般指令是以数字和符号编码方式记载在控制介质上（记录在信息载体上如磁盘）输送给数控装置。数控装置从介质上获得信息后，经过计算和处理，将结果以脉冲形式送往机床的伺服系统，即向机床各坐标的伺服系统发出数字信息驱动机床相应的运动部件（如刀架、工作台等），并控制其他的动作（如变速、换刀、开停切削液泵等），实现对机床的各种动作顺序、位移量以及速度等的自动控制，自动地加工出符合图样要求的工件。

　　还可以通过键盘输入（在线编程）或由通用计算机编程后经网络由数控系统的 RS232 或 DNC 接口输入。信息输入后，经过识别与译码，作为控制与运算的原始依据送到控制运算器。控制运算器根据输入装置送来的信息进行运算，并将控制命令送往输出装置。输出装置将控制运算器发出的控制命令送到伺服系统，经功率放大便能使机床按预定的轨迹运动，驱动机床完成相应的动作。

8.1.2　数控机床分类

1. 按工艺特征分类

　　（1）一般数控机床　即数控化的通用机床，如数控车床、数控铣床、数控滚齿机、数控特种加工机床等。

（2）加工中心 即配有刀库和自动换刀装置的数控机床。工件一次装夹能完成多道工序作业。加工中心比数控机床有更高的集成度。如镗铣加工中心、车削加工中心等。

（3）多坐标数控机床 一般在五轴以上，机床结构复杂。用于加工特殊形状复杂零件。

2. 按运动方式分类

（1）点位控制数控机床 机床移动部件获得点位控制，移动中不加工，如数控坐标镗床、钻床等。这种控制方式的主要功能是控制刀具相对于工件运动时，从一点到另一点的定位准确性，即只控制刀具的起点和终点位置。

（2）直线控制数控机床 在点位控制基础上增加直线控制，移动中可以加工。这种控制方式除了控制刀具从始点到终点的准确位置之外，还要保证运动过程的轨迹必须是和坐标轴平行的直线，并在运动中进行切削加工。如数控车床、数控铣床、数控磨床等。

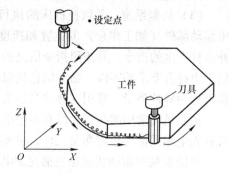

（3）轮廓控制数控机床 实现连续轨迹控制，即控制加工过程每个点的速度和位置。如图8-2所示，它不但能控制起点与终点的坐标位置，而且能控制整个运动过程的轨迹。由于刀具的运动路线是连续控制的，它在加工过程中要连续进行插补运算，因此又称连续控制，如数控铣床、加工中心等。

图8-2 数控机床的轮廓控制

3. 按伺服系统的控制方式分类

（1）开环伺服系统数控机床 这类机床没有来自位置传感器的反馈信号，数控系统将零件程序处理后，输出数字指令信号给伺服系统驱动机床运动。例如，采用步进电动机的伺服系统就是一个开环伺服系统，如图8-3所示。

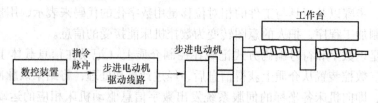

图8-3 数控机床的开环控制

（2）闭环伺服系统数控机床 机床上装有位置检测装置，直接对工作台的位移量进行测量。数控装置发出进给信号后，经伺服驱动使工作台移动位置检测装置，检测出工作台的实际位移并反馈到输入端与指令信号进行比较，驱使工作台向其差值减小的方向运动直到差值等于零为止，如图8-4所示。

闭环伺服系统的优点是精度高但其系统设计和调整困难、结构复杂、成本高，主要用于一些精度要求很高的镗铣床、超精密车床、超精密铣床、加工中心等。

（3）半闭环伺服系统数控机床 数控机床采用安装在进给丝杠或电动机端头上的转角测量元件，测量丝杠旋转角度来间接获得位置反馈信息，如图8-5所示。

大多数数控机床采用半闭环伺服系统，如数控车床、数控铣床、加工中心等，而且由于采用了高分辨率的测量元件，可以获得比较满意的精度及速度。

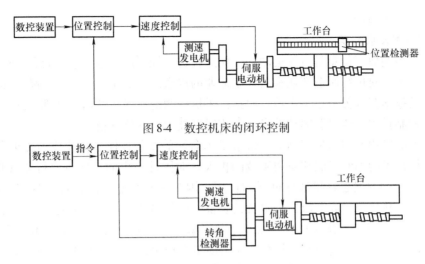

图 8-4　数控机床的闭环控制

图 8-5　数控机床的半闭环控制

8.1.3　数控加工的工艺特点与发展趋势

科学技术的不断进步与社会生产的发展，对机械产品的生产质量、效率、成本与效益提出了越来越高的要求，机械加工工艺过程自动化是实现这些要求的最重要措施之一。

目前，机械制造领域生产纲领并不都是大批量，单件小批量、多品种、变品种、形状复杂而精度要求高的占了生产过程的 80% 以上，迫切需要具有灵活性、通用性、能够适应产品频繁变换且周期短、成本低的柔性自动化数控机床。

数控机床与传统的普通机床加工零件的主要区别在于，数控机床是按照程序自动加工零件的，而传统的普通机床是由工人手工操作来加工零件的。

1. 数控加工工艺特点

数控机床只要改变控制机床动作的程序就可以达到加工不同零件的目的，由于是用程序控制加工过程的，因此数控机床相应形成了以下几个特点：

（1）加工精度高　数控机床按照预定的加工程序进行加工，加工过程中消除了操作者人为的操作误差，所以零件加工的一致性好，而且加工精度还可以利用软件来进行校正补偿，因此可以获得比机床本身所能达到的精度还要高的加工精度及重复定位精度。

（2）加工范围广　数控机床可以完成普通机床难以完成或根本不能加工的具有复杂曲面的零件的加工。因此它在航空航天、造船、模具等加工业中得到广泛应用。

（3）生产效率高　数控机床比普通机床可以提高生产效率 2 ~ 3 倍，尤其是对某些复杂零件的加工，生产效率可以提高十几倍甚至几十倍。

（4）可以实现一机多用　一些数控机床将几种普通机床功能合一，加上刀库与自动换刀装置构成加工中心，如果能配置数控转台或分度转台，则可以实现一次安装、多面加工。

（5）有利于生产现代化　在计算机辅助设计、制造（CAD/CAM）广泛应用的基础上，采用数控机床有利于向计算机控制与管理生产方面发展，为实现生产过程自动化创造了条件。

（6）适应性强　数控加工适应不同品种及尺寸规格零件的自动加工，改变工件的品种只要重新编制程序即可，尤其在单件、中小批量生产中对形状复杂、精度要求高、普通机床难加工的零件最为适用。

2. 数控技术发展趋势

数控技术是用数字信息对机械运动和工作过程进行控制的技术；数控装备是以数控技术为代表的新技术，对传统制造产业和新兴制造业的渗透形成的机电一体化产品，即所谓的数字化装备，其技术范围覆盖很多领域，包括：①机械制造技术；②信息处理、加工、传输技术；③自动控制技术；④伺服驱动技术；⑤传感器技术；⑥软件技术等。

数控技术的应用不但给传统制造业带来了革命性的变化，使制造业成为工业化的象征，而且随着数控技术的不断发展和应用领域的扩大，对国计民生的一些重要行业（IT、汽车、轻工、医疗等）的发展起着越来越重要的作用，因为这些行业所需装备的数字化已是现代发展的大趋势。从目前世界上数控技术及其装备发展的趋势来看，其主要有以下几个方面：

（1）高速、高精加工技术及装备的新趋势　效率、质量是先进制造技术的主体，高速高精加工技术可极大地提高效率，提高产品的质量和档次，缩短生产周期和提高市场竞争能力。为此日本先端技术研究会将其列为五大现代制造技术之一，国际生产工程学会（CIRP）将其确定为 21 世纪的中心研究方向之一。

在轿车工业领域，年产 30 万辆的生产节拍是 40s/辆，而且多品种加工是轿车装备必须解决的重点问题之一；在航空和宇航工业领域，其加工的零部件多为薄壁和薄筋，刚度很差，材料为铝或铝合金，只有在高切削速度和切削力很小的情况下，才能对这些筋、壁进行加工。近来采用大型整体铝合金坯料"掏空"的方法来制造机翼、机身等大型零件来替代多个零件，通过众多的铆钉、螺钉和其他联接方式拼装，使构件的强度、刚度和可靠性得到提高。这些都对加工装备提出了高速、高精和高柔性的要求。

高速加工中心进给速度可达 80m/min，甚至更高，空运行速度可达 100m/min 左右。目前世界上许多汽车厂，包括我国的上海通用汽车公司，已经采用以高速加工中心组成的生产线部分替代组合机床。美国 CINCINNATI 公司的 HyperMach 机床进给速度最大达 60m/min，快速为 100m/min，加速度达 2g，主轴转速已达 60000r/min。加工一薄壁飞机零件，只用 30min，而同样的零件在一般高速铣床上加工需 3h，在普通铣床上加工需 8h；德国 DMG 公司的双主轴车床的主轴速度及加速度分别达 12000r/mm 和 1g。

在加工精度方面，近 10 年来，普通级数控机床的加工精度已由 $10\mu m$ 提高到 $5\mu m$，精密级加工中心则从 $3 \sim 5\mu m$ 提高到 $1 \sim 1.5\mu m$，并且超精密加工精度已开始进入纳米级（$0.01\mu m$）。

在可靠性方面，国外数控装置的 MTBF（平均无故障时间）值已达 6000h 以上，伺服系统的 MTBF 值达到 30000h 以上，表现出非常高的可靠性。

为了实现高速、高精加工，与之配套的功能部件如电主轴、直线电动机得到了快速的发展，应用领域进一步扩大。

（2）五轴联动加工和复合加工机床快速发展　采用五轴联动对三维曲面零件的加工，可用刀具最佳几何形状进行切削，不仅表面粗糙度值小，而且效率也大幅度提高。一般认为，一台五轴联动机床的效率可以等于两台三轴联动机床，特别是使用立方氮化硼等超硬刀具材料，铣刀进行高速铣削淬硬钢零件时，五轴联动加工可比三轴联动加工发挥更高的效益。但过去因五轴联动数控系统、主机结构复杂等原因，其价格要比三轴联动数控机床高出数倍，加之编程技术难度较大，制约了五轴联动机床的发展。

当前由于电主轴的出现，使得实现五轴联动加工的复合主轴头结构大为简化，其制造难度和成本大幅度降低，数控系统的价格差距缩小，大大促进了复合主轴头类型五轴联动机床和复合加工机床（含五面加工机床）的发展。

（3）智能化、开放式、网络化成为当代数控系统发展的主要趋势　21 世纪的数控装备将是具有一定智能化的系统，智能化的内容包括在数控系统中的各个方面：追求加工效率和加工质量方面的智能化，如加工过程的自适应控制，工艺参数自动生成；提高驱动性能及使用连接方便的智能化，如前馈控制、电动机参数的自适应运算、自动识别负载自动选定模型、自整定等；简化编程、简化操作方面的智能化，如智能化的自动编程、智能化的人机界面等；还有智能诊断、智能监控方面的内容，方便系统的诊断及维修等。

为解决传统的数控系统封闭性和数控应用软件的产业化生产存在的问题，目前许多国家对开放式数控系统进行研究，数控系统开放化已经成为数控系统的未来之路。所谓开放式数控系统就是数控系统的开发可以在统一的运行平台上，面向机床厂家和最终用户，通过改变、增加或剪裁结构对象（数控功能），形成系列化，并可方便地将用户的特殊应用和技术诀窍集成到控制系统中，快速实现不同品种、不同档次的开放式数控系统，形成具有鲜明个性的名牌产品。目前开放式数控系统的体系结构规范、通信规范、配置规范、运行平台、数控系统功能库以及数控系统功能软件开发工具等是当前研究的核心。

网络化数控装备是近两年国际著名机床博览会的一个新亮点。数控装备的网络化将极大地满足生产线、制造系统、制造企业对信息集成的需求，也是实现新的制造模式，如敏捷制造、虚拟企业、全球制造的基础单元。国内外一些著名数控机床和数控系统制公司都在近两年推出了相关的新概念和样机，反映了数控机床加工向网络化方向发展的趋势。

（4）新技术标准、规范的建立　开放式数控系统有更好的通用性、柔性、适应性、扩展性，数控标准是制造业信息化发展的一种趋势。数控技术诞生后 50 年间的信息交换都是基于 ISO6983 标准，即采用 G、M 代码描述如何（how）加工，其本质特征是面向加工过程，显然，它已越来越不能满足现代数控技术高速发展的需要。为此，国际上正在研究和制定一种新的 CNC 系统标准 ISO14649（STEP-NC），其目的是提供一种不依赖于具体系统的中性机制，能够描述产品整个生命周期内的统一数据模型，从而实现整个制造过程，乃至各个工业领域产品信息的标准化。

STEP-NC 的出现可能是数控技术领域的一次革命，对于数控技术的发展乃至整个制造业，将产生深远的影响。首先，STEP-NC 提出一种崭新的制造理念，传统的制造理念中，NC 加工程序都集中在单个计算机上。而在新标准下，NC 程序可以分散在互联网上，这正是数控技术开放式、网络化发展的方向。其次，STEP-NC 数控系统还可大大减少加工图样（约 75%）、加工程序编制时间（约 35%）和加工时间（约 50%）。

8.1.4　典型数控机床应用简介

1. 数控车床

数控车床的加工功能与普通车床大体一样，主要用于加工各种回转表面，但在车削特殊螺纹和复杂回转成形面时，有其突出的特点。

普通车床一般只能车削有限的等螺距的各种螺纹，而数控车床由于其很强的控制功能，不但能车削任何等螺距的螺纹，而且能车削各种增节距、减节距，以及要求等节距、变节距之间平滑过渡的螺纹。

在普通车床上可用样板法或靠模法加工复杂形状的回转成形面，但加工精度都不高。由于数控车床具有圆弧插补功能，因而可直接利用圆弧插补指令加工由任意曲线构成的回转成形面并得到较高的精度。

数控车床一般适合于多品种、中小批量的生产。但随着数控车床制造成本的降低，目前使用数控机床进行大批量生产也较为普遍。

2. 数控铣床

（1）数控铣床的主要加工对象　数控铣床除有立式、卧式的外，还有立卧两用的。数控铣床主要用于平面、曲面、轮廓等表面的铣削加工，也可用于钻、扩、铰、锪、攻螺纹与镗孔加工等。

1）加工平行、垂直于水平面或与水平面的夹角为定角的平面类零件。

2）加工空间曲面。复杂空间曲面的加工常采用三坐标联动数控铣床，如图 8-6 和图 8-7 所示。

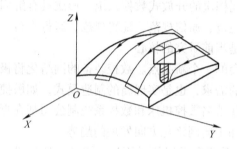

图 8-6　行切法加工空间曲面

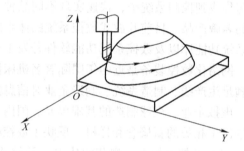

图 8-7　环切法加工空间曲面

3. 加工中心（Machining Center，MC）

加工中心是一种功能较全的数控加工机床，往往配有刀库、换刀机械手、交换工作台、多动力头等装置。在程序控制下，实现了工序的最高集成。因而加工质量、尤其是表面间的位置精度，依靠机床得到了更好的保证。由于工件、装夹、换刀、对刀等辅助时间大为减少，一次装夹，多工位、多刀加工，生产效率大为提高。

加工中心一般分为镗铣类加工中心和车削类加工中心两类。

（1）镗铣类加工中心　如图 8-8 所示，它把镗削、铣削、钻削和螺纹切削等功能集中在一台数控机床上，使之具有多种工艺手段。更重要的是，加工中心设置有刀库，刀库中存放的刀具或验具，在加工过程中可实现按程序自动选用。这是它区别于数控镗床和数控铣床的重要特征。

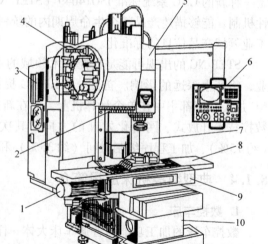

图 8-8　TH5632 型立式加工中心（镗铣）

加工中心具有较强的综合加工能力，在工件的一次装夹中（工作台转动），可按预定程序自动实现多种加工，如各种复杂箱体、板块类零件，并可使工艺过程设计简化。

（2）车削类加工中心 车削类加工中心的主体是数控车床，再配置上刀库和换刀机械手就可自动选择刀具。卧式车削加工中心与普通数控车床的本质差别在于它具备下面两种先进功能：

1）动力刀具功能。这是通过刀架的内部机构，使刀架上某一刀位或全部刀位上的铣刀或钻头等具有回转的功能。

2）C 轴位置控制功能。C 轴是指以卡盘与工件的回转中心轴（即 Z 轴）为中心的旋转坐标轴。车削加工中心 C 轴的位置控制功能可达到 $0.001°$ 的高精度角度分辨率，同时还可使主轴和卡盘按进给脉冲作任意的低速回转。在原有 X、Z 坐标的基础上，再加上 C 坐标，就可使车床实现三坐标两联动轮廓控制。例如圆柱铣刀轴向安装，X-C 坐标联动就可在工件端面铣削；圆柱铣刀径向安装，Z-C 坐标联动就可在工件外径上铣削，因此车削中心能够铣削凸轮槽和螺旋槽。

有了动力刀具功能和 C 轴位置控制功能，车削加工中心就具有了更大的加工能力。

数控机床也是采用刀具和磨具对材料进行切削加工的，这在切削本质上和普通机床并无区别，但在切削运动控制等方面则与传统切削加工有本质上的区别。

8.2 数控程序编制与加工

8.2.1 数控加工工艺基础

数控机床的加工工艺与通用机床的加工工艺有许多相同之处，但在数控机床上加工零件比在通用机床上加工零件的工艺规程要复杂得多。在数控加工前，要将机床的运动过程、零件的工艺过程、刀具的形状、切削用量和进给路线等都编入程序，这就要求程序设计人员具有多方面的知识基础。合格的程序员首先是一个合格的工艺人员，否则就无法做到全面周到地考虑零件加工的全过程，以及正确、合理地编制零件的加工程序。

进行数控加工工艺设计时，一般应进行以下几方面的工作：

（1）数控加工工艺内容的选择 对于一个零件来说，并非全部加工工艺过程都适合在数控机床上完成，而往往只是其中的一部分工艺内容适合数控加工。这就需要对零件图样进行仔细的工艺分析，选择那些最适合、最需要进行数控加工的内容和工序。

（2）数控加工工艺性分析 零件的数控加工工艺性问题涉及面很广，结合编程的可能性和方便性必须分析和审查的主要内容包括：尺寸标注应符合数控加工的特点，几何要素的条件应完整、准确，以及定位基准可靠。

（3）数控加工工艺路线的设计 数控加工工艺路线设计与通用机床加工工艺路线设计的主要区别在于，它往往不是指从毛坯到成品的整个工艺过程，而仅是几道数控加工工序工艺过程的具体描述。因此在工艺路线设计中一定要注意到，由于数控加工工序一般都穿插于零件加工的整个工艺过程中，因而要与其他加工工艺衔接好。

一是工序的划分，以加工部位划分工序。对于加工内容很多的工件，可按其结构特点将加工部位分成几个部分，如内腔、外形，曲面或平面，并将每一部分的加工作为一道工序。

二是以粗、精加工划分工序，对于经加工后易发生变形的工件，由于对粗加工后可能发生的变形需要进行校形，故一般来说，凡要进行粗、精加工的过程，都要将工序分开。三是顺序的安排，上道工序的加工不能影响下道工序的定位与夹紧，先进行内腔加工后进行外形加工，以相同定位、夹紧方式加工或用同一把刀具加工的工序最好连续加工。

最终轮廓应一次进给完成，为保证工件轮廓表面加工后的表面粗糙度要求，最终轮廓应安排在最后一次进给中连续加工出来。

图 8-9 所示为加工零件内腔的行切、环切及复合进给路线图 8-10c 所示是一种综合效果较好的进给路线。

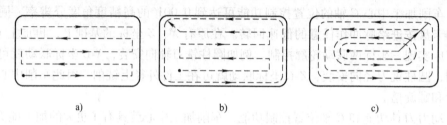

a)　　　　　　　　　　b)　　　　　　　　　　c)

图 8-9　数控加工内腔的进给路线

a）路线 1　b）路线 2　c）路线 3

8.2.2　数控机床坐标系简介

在数控编程时，为了描述机床的运动，简化程序编制的方法及保证记录数据的互换性，数控机床的坐标系和运动方向均已标准化，ISO 和我国都拟定了命名的标准。通过学习，能够掌握机床坐标系、编程坐标系、加工坐标系的概念，具备实际动手设置机床加工坐标系的能力。

1. 机床坐标系与坐标系的确定

（1）机床的相对运动规定　在机床上始终假定（认为）工件静止，而刀具是运动的。这样编程人员在不考虑机床上工件与刀具具体运动的情况下，就可以依据零件图样，确定机床的加工过程。

（2）机床坐标系的规定　标准机床坐标系中，X、Y、Z 坐标轴的相互关系用右手直角笛卡儿坐标系决定，如图 8-10 所示。

（3）运动方向的规定　增大刀具与工件距离的方向即为各坐标轴的正方向。图 8-11 所示为数控车床、数控铣床运动坐标 X、Y、Z 的正方向。

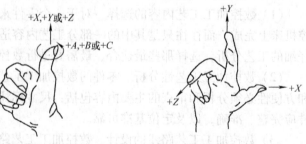

图 8-10　右手直角坐标系

2. 编程坐标系

编程坐标系是编程人员根据零件图样及加工工艺等建立的坐标系。编程坐标系一般供编程使用，确定编程坐标系时，不必考虑工件毛坯在机床上的实际装夹位置。

编程原点是根据加工零件图样及加工工艺要求选定的编程坐标系的原点。编程原点应尽量选择在零件的设计基准或工艺基准上，编程坐标系中各轴与数控机床相应的坐标轴方向一

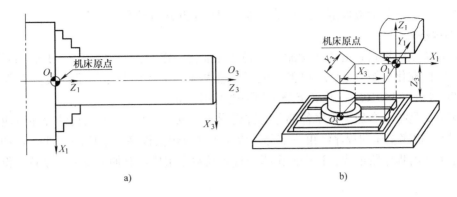

图 8-11　数控机床坐标系

a）数控车床　b）数控铣床

致。图 8-12 所示为铣削零件的编程原点。

3. 加工坐标系的确定

加工坐标系是指以确定的加工原点为基准所建立的坐标系。加工原点也称为程序原点，是指工件被装夹好后，相应的编程原点在机床坐标系中的位置。

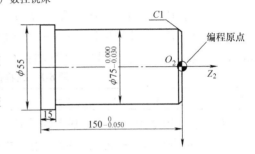

8.2.3　数控加工程序编制

图 8-12　立式数控铣床坐标系

由于数控机床是按照预先编制好的程序自动加工零件的，程序编制的好坏将直接影响数控机床的正确使用和数控加工特点的发挥。因此，编程人员除了要熟悉数控机床、刀夹以及数控系统的性能以外，还必须熟悉数控机床编程的方法、内容与步骤、编程标准与规范等，并不断地积累编程经验，以提高编程质量和效率。数控机床编程的一般步骤如图 8-13 所示。

数控机床编程的内容主要包括：分析被加工零件的零件图，确定加工工艺过程，数值计算，编写程序单，输入数控系统，程序校验和首件试切等。

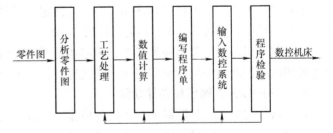

图 8-13　数控机床编程的一般步骤

1. 编程方法

在加工过程中，工件和刀具总是要作相对运动的。在数控编程中规定：假定工件固定不动，全部由刀具运动实现加工编程。

（1）手工编程　根据零件图样的形状、尺寸、材料和技术要求进行程序设计。设计内容包括确定零件加工顺序、刀具运动轨迹，选定主轴转速、进给速度等。从零件图分析、工艺处理、数值计算、编写程序单、输入程序到程序检验等各步骤主要由人工完成的编程过程。

手工编程是其他编程方法的基础。先按照数控系统指令格式编制加工程序段，由程序段构成零件数控加工程序单。通常用的指令及所代表的功能已形成国际标准。

（2）自动编程　自动编程也称为计算机辅助编程，是利用计算机专用软件编制数控加工程序的过程，它包括数控语言式自动编程和图形交互式自动编程。

2. 编程格式

数控系统程序格式和指令（功能）代码已标准化，作为各种编程方法的加工转换依据。目前有国际标准化组织（ISO）和美国电子工业协会（EIA）两种标准，我国有部颁标准 JB/T 3280 等效于 ISO1056，并确定 ISO 为国内通用标准。

程序格式是指一个加工程序各部分的排列形式，见表 8-1。一个完整的程序段应包括程序头（号）、程序主体和程序结束三部分。程序头部分包括程序开始代码（如%）和程序标记；程序主体由程序段组成，程序段由指令代码及数字组成具有加工意义的字符。例如：

```
%
N1   G01   X50   Y-9    F60   S60   M13   T12   LF
N2   Y110  F34   S58    M03   T22   LF
```

以上程序中各字符按顺序其含义为：%—程序开始代码；N—顺序号代码；G—准备指令代码；X、Y、Z—尺寸坐标代码；F—进给指令代码；S—主轴转速指令代码；T—刀具指令代码；M—辅助指令代码；LF—程序段换行代码。

表 8-1 编程指令和程序段格式

N	G	X—	Y—	Z—	…	…	F—	S—	T—	M—	LF

数控系统指令代码中，最基本的是 G、S、M、T 指令代码，按照 JB/T 3208—1999。

（1）G 指令代码——准备功能 用来描述数控装置作某一操作的准备功能，如直线插补、圆弧插补等。它由代码"G"和两位数字组成，从 G00 ~ G99 共 100 种。

（2）S 指令代码——主轴转速功能 由代码"S"和其后若干位数字组成。

（3）M 指令代码——辅助操作功能 主要有两类：一类是主轴的正、反转，停、开，切削液的开关等；另一类是程序控制指令，进行子程序调用、结束等。它由代码"M"和两位数字组成，从 M00 ~ M99 共 100 项。

（4）T 功能代码——刀具功能 用来选择刀具和进行刀具补偿。选择刀具是在自动工作方式下对刀架上固定的刀具进行选择、换刀并固定。刀具补偿是对刀具磨损或对刀时的位置误差进行补偿。它由代码"T"和若干位数字组成。

由于数控机床数控系统种类很多，根据功能要求和编程需要，程序格式也不相同，因此具体使用时必须严格按机床说明书规定格式进行，以上介绍的通用格式仅供参考。

3. 程序的输入、输出和存储功能

加工指令和加工工艺数据可以通过各种输入装置，如键盘、数据通信接口等进入微处理器存入存储器中，可通过打印机、绘图机、纸带穿孔机等输出。

4. 刀具补偿功能

为了保证零件的加工质量，在刀具转位及换刀时，应该不重新编程，只要输入不同刀具的几何特征，即可加工。所以对刀具的半径、长度、刀尖均应可以补偿误差。

8.2.4 数控程序加工应用

1. 数控车削加工（两轴联动）

如图 8-14 所示，请编制图示零件外表面的数控车削加工程序。

该零件毛坯是直径 $\phi145mm$ 的棒料。分粗、精加工两道工序完成加工，夹紧方式采用通用自定心卡盘装夹。

　　根据零件的尺寸标注特点及基准统一的
原则,编程原点选择零件左端面。

　　数控车削加工程序如下:

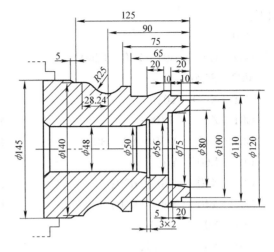

图 8-14　数控车削加工

G50　X200　Z150　T0101

M03　S600

G96　S320

G01　Z32　　F0. 1

G00　X150　Z2

G95

G71　U3　　　R1

G71　P10　　Q20　U1 W0F　0. 4

N10　G00　　X98　Z0. 1

G01　X100　Z-0. 4　F0. 1

Z-10

X109

X110　Z-1　0. 5

Z-20

X119

X120　Z-2　0. 5

Z-30

X110　Z-50

Z-65

X129

X130　Z-65. 5

Z-75

G02　　X131. 111　Z-105. 714　R25(I20　K-15)

G03　　X140　Z-118. 284　R20(I-15. 555　K-12. 57)

G01　　Z-125

X145　Z-130

G01　　X150

G00　　U80　W218

T0202

G00　　X150　Z20

G70　　P10　Q20

G00　　U80　W218

M30

2. 数控铣削加工(两轴联动)

使用半径 R5mm 的刀具加工图 8-15 所示零件的轮廓,加工深度为 5mm,加工程序编制如下：

```
O10
G54  G90  G01  Z40  F2000；          进入加工坐标系
M03  S500；                          主轴起动
G01  X-50  Y0；                      到达 X、Y 坐标起始点
G01  Z-5   F100；                    到达 Z 坐标起始点
G01  G42  X-10  Y0  H01；            建立右偏刀具半径补偿
G01  X60   Y0；                      切入轮廓
G03  X80   Y20   R20；               切削轮廓
G03  X40   Y60   R40；               切削轮廓
G01  X0    Y40；                     切削轮廓
G01  X0    Y-10；                    切出轮廓
G01  G40   X0    Y-40；              撤消刀具半径补偿
G01  Z40   F2000；                   Z 坐标退刀
M05；                                主轴停
M30；                                程序停
```

设置 G55，X-400，Y-150，Z-50，H01 = 5。

3. 曲面数控加工（三轴联动）

立体曲面加工应根据曲面形状、刀具形状以及精度要求采用不同的铣削方法。

1）两轴半坐标联动加工。两坐标联动的三坐标行切法加工 X、Y、Z 三轴中，任意两轴作联动插补，第三轴作单独的周期进给称为两轴半坐标联动。

如图 8-16 所示，将 X 向分成若干段，圆头铣刀沿 YZ 面所截的曲线进行铣削，每一段加工完成进给 ΔX，再加工另一相邻曲线，如此依次切削即可加工整个曲面。在行切法中，要根据轮廓表面粗糙度的要求及刀头不干涉相邻表面的原则选取 ΔX。行切法加

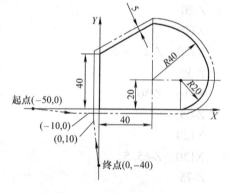

图 8-15　数控铣削加工

工中通常采用球头铣刀。球头铣刀的刀头半径应选得大些，有利于散热，但刀头半径不应大于曲面的最小曲率半径。

用球头铣刀加工曲面时，总是用刀心轨迹的数据进行编程的。图 8-17 所示为两轴半坐标联动加工的刀心轨迹与切削点轨迹示意图。ABCD 为被加工曲面，P_{YZ} 平面为平行于 YZ 坐标面的一个行切面，其刀心轨迹 O_1O_2 为曲面 ABCD 的等距面 IJKL 与平面 P_{YZ} 的交线，显然 O_1O_2 是一条平面曲线。在此情况下，曲面的曲率变化会导致球头刀与曲面切削点的位置改变，因此切削点的连线 ab 是一条空间曲线，从而在曲面上形成扭曲的残留沟纹。

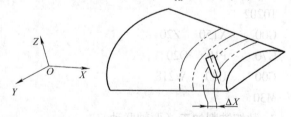

图 8-16　两轴半坐标联动加工

由于两轴半坐标加工的刀心轨迹为平面曲线，故编程计算比较简单，数控逻辑装置也不复杂，常在曲率变化不大及精度要求不高的粗加工中使用。

2）三坐标联动加工。X、Y、Z 三轴可同时插补联动。用三坐标联动加工曲面时，通常也用行切方法。如图 8-18 所示，P_{YZ} 平面为平行于 YZ 坐标面的一个行切面，它与曲面的交线为 ab，若要求 ab 为一条平面曲线，则应使球头刀与曲面的切削点总是处于平面曲线 ab 上（即沿 ab 切削），以获得规则的残留沟纹。显然，这时的刀心轨迹 O_1O_2 不在 P_{YZ} 平面上，而是一条空间曲面（实际是空间折线），因此需要 X、Y、Z 三轴联动。

三轴联动加工常用于复杂空间曲面的精确加工（如精密锻模），精加工中常用三轴联动加工，但编程计算较为复杂，所用机床的数控装置还必须具备三轴联动功能。

3）四坐标联动加工。如图 8-19 所示，工件侧面为直纹扭曲面。若在三坐标联动的机床上用圆头铣刀按行切法加工时，不但生产效率低，而且表面粗糙度值大。为此，采用圆柱铣刀周边切削，并用四坐标铣床加工。即除三个直角坐标运动外，为保证刀具与工件型面在全长始终贴合，刀具还应绕 O_1（或 O_2）作摆角运动。由于摆角运动导致直角坐标（图 8-19 中 Y 轴）需作附加运动，所以其编程计算较为复杂。

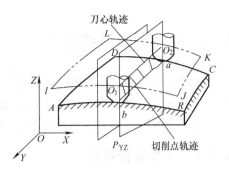

图 8-17　两轴半坐标联动加工的刀心轨迹与切削点轨迹示意图

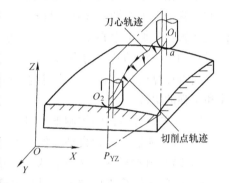

图 8-18　三轴坐标联动加工

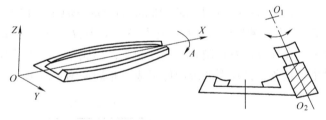

图 8-19　四坐标联动加工

4）五坐标联动加工。螺旋桨是五坐标联动加工的典型零件之一，其叶片的形状和加工原理如图 8-20 所示。

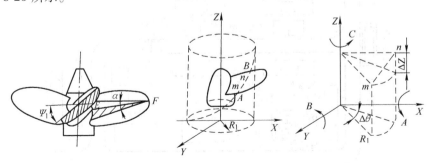

图 8-20　五坐标联动加工螺旋桨叶片

8.3 柔性制造系统简介

柔性主要是指加工对象的灵活可变性，即很容易地在一定范围内从一种零件的加工变换为另一种零件的加工功能。柔性自动化加工是通过软件（零件加工程序）来控制机床进行加工的。更换加工对象（零件）时，只需改变零件的加工程序。

8.3.1 柔性制造系统

1. 柔性制造单元

柔性制造单元（Flexible Manufacturing Cell，FMC）技术是在加工中心的基础上发展起来的。它增加了机器人或托盘自动交换装置，刀具和工件的自动测量装置，以及加工过程的监控装置。与加工中心相比，它具有更好的柔性、更高的生产率，是多品种、中小批量生产中机械加工系统的基本构成单元。

随着计算机技术和单元控制技术的发展及网络技术的应用，FMC 将具有更好的可扩展性和更强的柔性。

1）在单元计算机的控制下，可实现不同或相同机床上不同零件的同步加工。

2）可实现加工过程自动监控，如具有自适应功能和刀具破损的监控功能等。

3）FMC 规模较小、柔性较大，一般由 2～5 台机床组成。投资小、周期短、见效快。

4）在单元计算机控制下，易扩展成柔性制造系统。

2. 柔性制造系统

柔性制造系统（Flexible Manufacturing System，FMS）是通过局域网把数控机床（加工中心）、坐标测量机、物料输送装置、对刀仪、立体刀库、工件装卸站、机器人等设备连接起来，在计算机及控制软件的控制下，形成一个加工系统，它能自主地完成多品种、中小批量生产任务。其典型系统硬件组成与布局如图 8-21 所示。

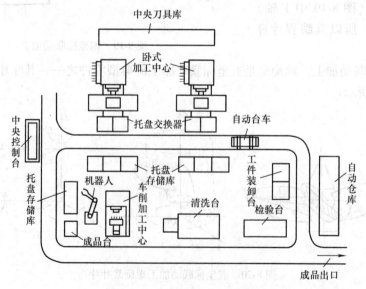

图 8-21　柔性制造系统的组成

　　一般 FMS 由计算机控制的信息系统、多功位的数控加工系统和自动化物料输送及存储系统三部分组成。

　　FMS 的工作是在控制计算机中存储有多种生产零件的加工程序。按照调度软件的分配，将 CNC 程序自动地下载到所安排作业工序的数控机床或加工中心上，并按照程序指令将经过对刀仪校准好的刀具数据文件也同时传输到机床上。控制软件还监控物料输送装置，以协调其工作。物料输送装置可以采用有轨小车、无人导引小车或运输线，工件一般是装夹在托盘上，托盘相当于一个随行夹具，在机床间不再需要装卸。

　　根据工艺特点，FMS 可分为机械加工 FMS、装配 FMS、钣金加工 FMS、激光加工 FMS、热处理 FMS、焊接 FMS 等。

　　柔性制造系统由几台到几十台设备组成，适用于批量生产不同规格的同类型产品。典型的焊接 FMS 应用是汽车车体组装，它主要由数十台乃至上百台焊接机器人所组成，可根据调度组合，由上百个钣金件组装、焊接成车门、底盘及车身总成等。

8.3.2　计算机集成制造系统

　　计算机集成制造系统（Computer Integrated Manufacturing System，CIMS）是计算机技术的发展为企业信息的集成提供了有力的工具。企业的技术信息、管理信息与过程控制的集成，可以为企业带来高效率的工作，可以避免信息的延误、丢失、不一致造成的各种损失。信息的集成使企业领导的决策更科学和快捷，提高了对市场的响应速度，生产计划与调度也得到充分的优化，在保证质量和交货期、降低成本等综合方面都增强了企业的竞争能力。

　　CIMS 一般可以分为四个应用子系统，即管理信息子系统（MIS）、技术信息子系统（TIS）、自动化制造子系统（MAS）、质量保证子系统（CAQ）及两个支撑系统，即数据库与网络。

　　管理信息子系统（Management Information System，MIS）覆盖了工厂的生产计划、经营销售、财务管理、人事管理、设备管理等功能。广泛使用的 MRP-Ⅱ 是一种成功地实现企业 MIS 的软件系统。信息管理系统可以以 MRP-Ⅱ（物料需求计划）软件为平台，进行扩展开发。它使企业的信息管理高度集成，并大大简化了报表工作。国内一些工厂推广 CIMS 的成功经验还表明，报价系统对企业争取到订单往往起到重要作用。

　　技术信息子系统（Technological Information System，TIS）主要包括了 CAD（Computer Aided Design）、CAPP（Computer Aided Processing Programming）、CAM（Computer Aided Manufacturing）等技术信息。TIS 子系统使设计修改更容易方便，同时设计数据的一致性得到很好的保证，也使 CNC 的编程工作可以与机床加工并行进行。计算机辅助工艺编程 CAPP 是 CAD 与 CAM 之间的桥梁。但是由于工件几何形状、机床、刀具、材料等的不同，CAPP 的自动实现是很难的。CAPP 往往是实现 CAD/CAM 一体化的一个瓶颈，但是针对某一个零件族，实现 CAPP 则是可行的。编制 CAPP 的软件，首先应是有经验的工艺师，了解工件的基准、公差、夹具、切削过程及工件和刀具材料对切削参数选择的影响、机床数控、CAD 等知识，才能编制出实用的 CAPP 软件来。

　　自动化制造子系统（Manufacturing Automation System，MAS）主要实现车间现场的调度与控制。它的功能与 FMS 控制器相类似，不过这里 MAS 的数据必须考虑与 TIS、MIS 及 CAQ 等系统数据的集成。为此，必须规定统一的数据标准。MAP 数据标准可以实现这一要求。

　　质量保证子系统（Computer Aided Quality Assurance，CAQ）的功能组成：决策分系统制订企业的质量方针和目标；管理分系统收集、整理、管理质量数据；控制分系统实现现场质量数据的采集、现场分析及决定误差补偿策略，实施控制与补偿。现场质量数据的采集，可以由人工键入，也可以采用测量装置测量，计算机自动采集。现场采集的数据，尤其在使用数据自动采集系统时，数据的量是很大的，这些数据没有必要都传输到质量管理分系统。可以用质量统计分析软件加以分析处理精炼后，再传输到管理分系统。评价分系统提供各种统计分析方法，并对管理分系统的数据进行分析评价，为质量子系统的短期、长期决策提供依据。

复习思考题

1. 什么是数控机床？数控机床由哪几部分组成？各组成部分的主要作用是什么？
2. 数控机床按运动轨迹特点可分为哪几类？其分别主要应用于哪些机床？
3. 什么是开环、闭环、半闭环数控系统？其控制方式之间的主要区别是什么？
4. 数控加工工艺特点是什么？
5. 什么是柔性制造系统？计算机集成制造系统分为哪几个应用子系统？

参 考 文 献

［1］　曲宝章，黄光烨. 机械加工工艺基础［M］. 哈尔滨：哈尔滨工业大学出版社，2002.
［2］　卢秉恒. 机械制造技术基础［M］. 北京：机械工业出版社，2008.
［3］　傅水根. 机械制造工艺基础［M］. 北京：清华大学出版社，2010.
［4］　李凯岭. 机械制造技术基础［M］. 北京：清华大学出版社，2010.
［5］　邓文英，宋力宏. 金属工艺学：下册［M］. 北京：高等教育出版社，2008.
［6］　张世昌，李旦，高航. 机械制造技术基础［M］.2 版. 北京：高等教育出版社，2007.
［7］　蔡光起. 机械制造技术基础［M］. 沈阳：东北大学出版社，2002.
［8］　吴恒文. 机械加工工艺基础［M］. 北京：高等教育出版社，1999.
［9］　王延辉，范英. 机械加工工艺基础［M］. 北京：中国铁道出版社，1996.
［10］　顾维邦. 金属切削机床概论［M］. 北京：机械工业出版社，2010.
［11］　王特典. 工程材料［M］. 南京：东南大学出版社，1996.
［12］　薛源顺. 机床夹具设计［M］. 北京：机械工业出版社，2011.
［13］　吴祖育. 数控机床［M］. 上海：上海科学技术出版社，2010.
［14］　刘晋春，白基成，郭永丰. 特种加工［M］.4 版. 北京：机械工业出版社，2009.
［15］　傅莉. 数控车床实际操作手册［M］. 沈阳：辽宁科学技术出版社，2006.
［16］　邱建忠，王丽丹. CAXA 数控线切割加工实例教程［M］. 北京：机械工业出版社，2003.
［17］　吴道全，万光珉，林树兴. 金属切削原理及刀具［M］. 重庆：重庆大学出版社，1999.
［18］　吴祖育，秦鹏飞. 数控机床［M］. 上海：上海科学技术出版社，2004.
［19］　杜君文，邓广敏. 数控技术［M］. 天津：天津大学出版社，2001.
［20］　顾京. 数控机床加工程序编制［M］. 北京：机械工业出版社，2003.